重要生态功能区资源环境承载力研究

中国重要生态功能区资源环境承载力评价指标研究

王红旗　王国强　杨会彩　王红瑞　王会肖 等　著

国土资源部"生态型地区资源环境承载力评价指标研究"项目
（项目编号：1212011220097）资助出版

科学出版社

北 京

内 容 简 介

本书开篇全面系统地总结分析资源环境承载力概念的定义与特点及资源环境承载力评价指标体系结构，从资源环境承载力研究的要素识别角度提出把表征生态系统的生态支撑力和衡量经济社会系统的社会经济压力作为判定资源环境承载力两层面，从而构建重要生态功能区资源环境承载力的评价指标体系。以全国重要生态功能区资源环境承载力评价的指标构建过程为示范介绍重要生态功能区资源环境承载力指标体系构建的步骤和方法，并把重要生态功能区进一步细分为森林生态型、草地生态型、湿地生态型和复合型地区四种生态类型，分别针对性地介绍不同生态类型下资源环境承载力指标体系构建的方法，包括各个类型重要生态功能区的概念、生态问题分析、指标体系构建、典型区域资源环境承载力指标研究和重要资源环境承载力指标释义等，为实现我国重要生态功能区资源环境承载力的研究及应用提供重要学术参考。

本书可作为水文地质、生态环境、生态环境地质调查研究者和高等院校教师、研究生及高年级学生的参考书。

图书在版编目（CIP）数据

中国重要生态功能区资源环境承载力评价指标研究/王红旗等著. —北京：科学出版社，2017.7

（重要生态功能区资源环境承载力研究）

ISBN 978-7-03-053903-8

Ⅰ．①中… Ⅱ．①王… Ⅲ．①生态区–环境承载力–评价指标–研究–中国 Ⅳ．①X21

中国版本图书馆 CIP 数据核字(2017)第 143878 号

责任编辑：杨帅英 张力群 / 责任校对：张小霞
责任印制：张 伟 / 封面设计：图阅社

科学出版社 出版
北京东黄城根北街 16 号
邮政编码：100717
http://www.sciencep.com

北京建宏印刷有限公司 印刷
科学出版社发行 各地新华书店经销

*

2017 年 7 月第 一 版 开本：787×1092 1/16
2019 年 1 月第五次印刷 印张：9 3/4
字数：228 000

定价：129.00 元

（如有印装质量问题，我社负责调换）

《重要生态功能区资源环境承载力研究》
系列丛书编写说明

2010 年经国土资源部批准,"全国资源环境承载力调查与国土资源综合监测"项目正式启动。而北京师范大学所承担的"生态型地区资源环境承载力评价"是该项目的子课题。

我国重要生态功能区是维护我国生态系统结构和功能起到关键作用的区域,重要资源丰富,地域广阔,在我国的经济建设和社会稳定等方面都具有重要的战略地位;同时,由于首要目标是保证生态系统的结构稳定和功能完善,其特殊的自然地理条件又是我国极其重要的生态环境屏障。然而,我国人口众多而人均自然资源不足,加之生态环境整体不佳而软实力整体不强,导致资源环境日益严重。因此,党的十八大和十八届三中全会把生态文明建设放到前所未有的高度,并作为今后全面深化改革的有机组成部分。但在具体工作中,对生态环境建设应如何具体掌握,生态环境建设与经济社会的矛盾应如何解决,以及全国重要生态功能区的有限生态资源能否在保障国土生态安全的基础上支持社会经济的可持续发展等问题,仍存在着各种不同的看法和做法。为此,北京师范大学决定以"重要生态功能区资源环境承载力研究"为题,以自然地理范畴的全国生态功能区为研究范围,以生态系统的自然资源为中心,以生态环境的保护和建设为重点,以与经济社会可持续发展和促进生态文明建设为目标,开展跨学科的综合性和战略性研究。

在国土资源部有关单位、中国科学院、许多高等院校、科研院所和各省级单位等的大力支持下,由生态学、环境学、数学模型、遥感技术等方面多位专家牵头,投入近35 位科研人员,在资源环境承载力评价方面取得良好的科研价值和应用效果。为了更全面、更系统地展示相关研究成果,全面介绍重要生态功能区资源环境承载力体系及其应用,北京师范大学水科学研究院策划出版《重要生态功能区资源环境承载力研究》系列丛书。

丛书包括《中国生态安全现状与生态环境建设成效》、《中国重要生态功能区资源环境承载力评价指标研究》和《中国重要生态功能区资源环境承载力评价理论及方法》三本专著。这三本专著从重要生态功能区的资源环境承载力研究的基础理论方面以及实际应用方面出发,结合相关的研究成果,力求展示本研究领域最新的研究进展及发展动态。即在系列分析我国生态环境建设和国土生态安全现状的基础上,综合评价生态环境建设对我国国土生态安全的作用和成效,研究建立重要生态功能区资源环境承载力综合评价指标体系,通过资源环境承载力评价识别重要生态功能区的主控因子,分析经济社会发展和生态环境建设对我国国土生态安全的影响,提出保障我国国土生态安全和促进生态文明建设的目标任务、实施方案和措施途径,为全国国土规划编制提供技术支撑和科学依据。并对重要生态功能区资源环境承载力的理论、方法及其实际应用进行全面阐述,为完善资源环境承载力体系提供理论基础和实践意义。

参加研究和编撰工作的全体人员,虽然做出了极大努力,但由于各种条件的限制,仍有疏漏之处,请读者批评指正。

2016 年 4 月 19 日

前　言

　　《中国重要生态功能区资源环境承载力评价指标研究》是《重要生态功能区资源环境承载力研究》系列丛书的组成部分之一，在丛书总体设置中，属于指标体系研究范畴，本书在丛书中的定位是如何构建重要生态功能区资源环境承载力评价指标体系。本书论述了重要生态功能区资源环境承载力的内涵及概念，将重要生态功能区划分为森林生态型、草地生态型、湿地生态型和复合型地区四种生态类型，分别论述每一种生态类型的主要生态问题和资源环境及社会经济问题，针对主要问题从生态支撑力和社会经济压力两个方面构建资源环境承载力指标体系，选取重要生态功能区典型地区进行实证研究，并对涉及指标进行指标含义诠释，以增强本书指标的实用性。

　　本书是国土资源部"生态型地区资源环境承载力评价指标研究"项目的研究成果之一，以保障我国国土生态安全和促进生态文明建设为目标，从重要生态功能区资源环境承载力的指标体系构建的角度来论述生态型地区资源环境承载力评价的方法。

　　本书参加编写的人员有：前言，王红旗；第1章，王红旗，杨会彩，田雅楠，顾琦玮，宋静，张亚夫，阿膺兰，刘胜娅，鲁婷婷；第2章，王红旗，王国强，杨会彩，田雅楠，宋静；第3章，王红旗，王国强，杨会彩，宋静，田雅楠，阿膺兰；第4章，杨会彩，顾琦玮，宋静，王会肖，刘胜娅；第5章，王红旗，张亚夫，李晓珂；第6章，王国强，阿膺兰，方青青；第7章，王红瑞，鲁婷婷，崔胜玉；第8章，王会肖，刘胜娅，叶文。其中，王红旗，王国强，杨会彩负责全书的统稿。

　　本书可能存在许多不足之处需要在未来的研究中进一步完善，希望各位读者谅解。

2016 年 5 月

目　　录

第1章 资源环境承载力研究进展

1.1 概述

"承载力"最初是力学领域的概念，本意是指物体在不产生破坏时所能承受的最大负荷，具有力的量纲，后来出现在畜牧管理中，意指草地的最大载畜量。20世纪20年代，"承载力"一词被转入到生态学领域，以自然生态系统为研究对象，形成了种群承载力概念，是指某一环境条件下承载集体所能维持的承载对象的数量阈值。随着社会经济的发展，资源环境问题的日益突出，以及人们对环境问题认识的逐渐深入，相继出现了资源承载力、环境承载力和资源环境综合承载力等概念，见表1-1（许联芳等，2006；杨志峰等，2007）。

表1-1 常见资源承载力概念与意义

概念	来源	意义
资源承载力	联合国教科文组织	一国或一地区的资源承载力是指在可以预见的时期内，利用该地区的能源及其他自然资源和智力、技术等条件，在保证符合其社会文化准则的物质生活水平条件下能维持供养的人口数量
土地资源承载力	石玉林（1986）	在一定生产条件下土地资源的生产力和一定水平下所能承载的人口限度
土地资源承载力	徐永胜（1991）	一个国家或地区，在满足人民基本生活需要和人口正常繁衍的前提下，在其所占有的土地上能够负担的最大人口数
土地资源承载力	周锁栓等（1991）	以一定的自然条件为基础，以特定的技术、经济和社会发展水平及与此相适应的生活水准为依据，在保护生态系统和功能处于合理状态下某个地区利用自身的土地资源所能持续、稳定供养的人口数量
土地资源承载力	胡恒觉等（1992）	在一定时间内，特定地理区域在可预见的自然技术、经济及社会诸因素综合制约下的土地资源生产能力，以及所能持续供养的、具有一定生活水准的人口数量
土地资源承载力	威廉·福格特	定量化地给出了土地承载力的概念，表达式为$C=B/E$。其中，C为土地承载力，B为生物潜力，E为环境阻力
地理环境承载力	王学军（1992）	在一定时间、一定空间内，由地理环境各组成要素，人类本身的数量、素质、分布、活动及人员、物质、能量、信息交流所决定的，保持一定生活水准，并不是环境质量发生不可逆恶化前提下，生产的物质及其他环境要素的状况所能容纳的最高人口限度
水资源承载力	施雅凤和曲耀光（1992）	在一定社会和科学技术发展阶段，在不破坏社会和生态系统时，某一地区水资源最大可承载的农业、工业、城市规模和人口水平
自然资源承载力	董锁成（1996）	在可以预见的时期内和一定的技术条件下，某一地区自然资源可以支撑的人口规模或经济规模
矿产资源承载力	王玉平（1998）	在可以预见的时期内，在当时的科学技术、自然环境和社会经济条件下，矿产资源存量用间接的方式表现的所能持续供养的人口数量

工业革命后，土地退化、人口膨胀、工业化迅猛发展以及环境污染、资源短缺等问题日渐明显，工业化发展引起大量资源消耗，已成为社会经济发展的严重制约因素，因此迫使人们对全球资源进行重新评估，资源承载力概念应运而生，联合国教科文组织于20世

纪 80 年代初提出了资源承载力的概念并被广泛接纳，其定义为"一个国家或地区的资源承载力是指在可预见的时期内，利用本地资源及其他自然资源和智力、技术等条件，在保护符合其社会文化准则的物质生活水平下所持续供养的人口数量"。20 世纪初期，生态学中承载力概念拓展并应用到土地资源承载力中，研究现存土地到底可养活多少人口。土地资源承载力概念最早由美国的 Allan 提出，随后中国自然资源综合考察委员会对土地资源承载力的定义为"在一定生产条件下土地资源的生产能力和一定生活水平下所承载的人口限度"。石玉林定义土地资源承载力为"在未来不同时间尺度上，以预期的技术、经济和社会发展水平及与此相适应的物质生活水准为依据，一个国家或地区利用其自身的土地资源所能持续稳定供养的人口数量"，他认为资源的承载能力取决于生产水平、科学技术水平和人类利用资源的能力（谢新民等，2006；赵淑芹和王殿茹，2006；张太海和赵江彬，2012）。土地资源承载力提出之后，紧接着水资源承载力研究也越来越受到生态学家的重视，国内外学者大多将其纳入到可持续发展理论框架体系中。随着社会经济的快速发展，人类对水资源的需求不断增加，人们在开采大量水资源的同时，水资源污染和过度浪费的现象不断加剧，再加上全球变暖，使得水资源量大大减少，逐渐成为区域社会经济发展的限制性因素。自 20 世纪 80 年代以来，许多生态学家、学者对水资源承载力概念进行定义，国内比较有影响力的是许新宜等（1997）在完成华北平原水资源承载力研究中对水资源承载力的定义：在水资源可持续利用的前提下，某个国家或区域的水资源可以持续支撑的人口总量（生物总量）和/或经济总量，他认为水资源承载能力是水资源可利用量与人均年综合用水量的比值，水资源可利用量和人均年综合用水量是进行水资源承载力评价的主要因素。之后，森林资源承载力、矿产资源承载力、旅游资源承载力、相对承载力等概念被相继提出，并被应用到国内外不同的研究领域。

日益严峻的环境污染问题，对人类的生存和发展构成了严重的威胁，促使人们重新评估环境问题。环境承载力概念是在承载力以及环境容量概念的基础上发展而来的，受到了世界各国的普遍关注，自 20 世纪 70 年代起，被普遍应用到环境管理和规划中。唐剑武和叶文虎等（1998）认为，环境承载力是指在某一时期、某种环境状态下，某一区域环境对人类社会经济活动的支持能力的阈值，这一阈值是指环境对人类活动支持能力的限度，一旦人类活动对环境的作用超过了环境自身的抗干扰能力，环境系统可能就会崩溃，反过来抑制人类社会经济的发展，因此环境承载力可以作为衡量人类社会经济发展水平和环境之间协调程度的依据。彭再德（1996）在对上海市浦东新区环境承载力进行分析研究中，认为环境承载力是指在一定的时期和一定的区域范围内，在维持区域环境系统结构不发生质的改变，区域环境功能不转向恶性方向的条件下，区域环境系统所能承受的人类各种社会经济活动的能力，即区域环境系统结构与区域社会经济活动的适宜程度。从上述定义中不难看出，在进行环境承载力研究中，要以"人类—环境"符合系统作为研究对象，只有从环境结构和社会经济活动两方面考虑问题才能实现区域可持续发展。从本质上来说，环境承载力是环境系统组合与结构特征的综合反映，也反映了环境与人类经济活动之间的辩证关系（王莹，2009）。

区域资源环境承载力的早期研究可追溯到 20 世纪 60 年代末到 70 年代初，罗马俱乐部利用系统动力学模型对世界范围内的资源环境与人进行评价，构建了著名的"世界模型"，深入分析人口增长、经济发展与资源过度消耗、环境恶化和粮食生产的关系，并预测到 21世纪中叶全球经济增长将达到极限。为避免世界经济社会出现严重衰退，提出了"零增长"

发展模式。英国的 Slesser 提出采用 ECCO 模型作为新的资源环境承载力的计算方法，该模型在"一切都是能量"的假设前提下，综合考虑人口—资源—环境—发展之间的相互关系，以能量为折算标准，建立系统动力学模型，模拟不同发展策略下，人口与资源环境承载力之间的弹性关系，从而确定以长远发展为目标的区域发展优选方案。该模型在一些国家应用取得了较好的效果，并得到联合国开发计划署的认可（刘育平和侯华丽，2009）。

20 世纪 90 年代以来，我国才开始涉足以区域资源环境诸要素综合体为对象的区域承载力研究。刘殿生以秦皇岛为例，探讨了城市资源与环境承载力的基本概念及计算方法。认为一个包括大气资源、水资源、土地资源、海洋生物资源以及大气环境、水环境稀释自净能力等方面综合因素的环境承载力可称为"资源与环境综合承载力"（刘殿生，1995）。资源环境综合承载力可由一系列相互制约又相互对应的发展变量和制约变量构成：①自然资源变量包括水资源、土地资源、矿产资源、生物资源的种类、数量和开发量；②社会条件变量包括工业产值、能源、人口、交通、通信等；③环境资源变量包括水、气、土壤的自净能力。他采用专家咨询法针对 5 个要素：大气、水质、生物、水资源、土地资源分别选取了发展变量和制约变量组成发展变量集和制约变量集，然后将发展变量集的单要素与相对应的制约变量集中的单要素相比较，得到单要素环境承载力，再将各要素进行加权平均，即得到资源与环境综合承载力值。毛汉英和余丹林（2001）在对环渤海地区资源环境承载力研究中，探讨了区域承载力的定义、特点、影响因素等。提出区域承载力是指在不同尺度区域在一定时期内，在确保资源合理开发利用和生态环境向良性循环的条件下，资源环境能够承载的人口数量及相应的经济社会总量的能力，并提出以状态空间法作为研究区域承载力的基本方法，在此基础上辅以评价指标体系和系统动力学模型等定量方法，进行区域承载力与承载状况和现状评价、动态模拟及趋势预测。指出在区域承载力研究中，应用状态空间法构建评价指标体系，除遵循共同原则外，在指标选取时，还必须充分考虑承载体与受载体之间的互动反馈方式/强度、后效、潜力与相互替代等特点，为此设计了以下 3 类指标：①承压类指标；②压力类指标；③区际交流指标。为了确保指标选取的科学性和合理性，在具体操作过程中，进行指标间的多重共线性分析，尽量减少由于指标间的重叠信息而影响分析结果的客观性，通常采用线性回归方法，以最小二乘原则求算（毛汉英和余丹林，2001）。

综上所述，以资源环境为对象的区域综合承载力研究越来越受到国内学者的关注，资源环境综合承载力的研究方法是在资源承载力和环境承载力研究的基础上发展而来的。其中，水、土地等资源承载力研究奠定了理论和方法论基础，环境承载力研究拓展了承载力研究的范围，将大气、水环境等也纳入了研究范畴。因此，有学者认为，"目前资源环境承载力研究主要是在土地资源承载力研究的基础上叠加了环境容量部分，并试图通过评价包括环境容量资源在内的资源观，探讨了人类活动与环境之间的协调程度"（刘晓丽和方创琳，2008）。

在资源与资源承载力研究逐渐兴起的同时，由于资源与环境间的相互影响和相互制约关系，许多学者未将资源承载力、环境承载力和资源环境承载力加以区分，这也使得明确区域资源环境承载力的概念变得更为迫切。

对区域资源环境承载力的研究经历了一个从资源承载力研究到环境承载力研究再到区域资源环境承载力研究的逐渐演化过程（表 1-2）。最初普遍倾向于对单个资源要素的承载力进行研究，研究资源环境对人口、社会经济发展的支持能力，最主要的是土地承载力研究。随着研究的深入，认为仅研究资源承载力是不完全的、不足以描述整个区域的承载力状况，区域的承载力还受到环境因素的影响。当今环境问题，大多是人类活动超过了资源环境承载力造成的，于是提出了环境承载力的概念。还有的学者进一步提出了环境容载力及生态承载力等概念，容载力不仅包括环境的容量与质量，而且还包括环境承载力。近 10 年来，逐渐将人类的社会经济活动纳入了研究范畴，提出了一个综合资源环境以及人类经济活动多方面因素的综合评价指标——区域资源环境承载力，我国许多学者通过研究得出结论，区域资源环境承载力是人口容量的基本限制因素，许多地区的人口容量超出了资源环境的承载力；此外对资源、环境与经济作用机制和规律以及人口增长与环境污染相互作用规律进行了深入研究（表 1-3）。

表 1-2　承载力概念的演化与发展

名称	出现背景	含义
种群承载力	畜牧业管理的需要	生态系统对生活于其中的种群的可承载量
土地承载力	人口膨胀、土地资源紧张	一定条件下某区域土地资源的生产能力以及可承载的人口数量
水资源承载力	水资源紧缺、人口增加、工农业用水猛增	①水资源对社会、经济发展所能提供的最大支撑能力；②水资源最大可承载的农业、工业、城市规模和人口水平
资源承载力	考虑人类经济活动的影响	在一定时期和一定区域范围内，在确保资源合理利用和生态环境良性循环的条件下，区域资源环境能够承载的人口数量及其相应的经济和社会总量的能力
环境承载力	环境污染	①区域环境所能承受的污染物数量；②区域环境承受人类活动的能力；③区域环境对人类活动支持能力的阈值
生态承载力	考虑系统效应	某一特定区域在资源、环境和自然生态因素制约下，经济发展、资源利用、生态保护和社会文明各个领域均能符合可持续发展管理目标要求的最大人类经济社会发展负荷，包括人口总量、经济规模及发展速度

表 1-3　资源环境承载力概念总结

作者	来源	定义
刘殿生	资源与环境综合承载力分析	包括大气资源、水资源、土地资源、海洋生物资源以及大气环境、水环境稀释自净能力等方面综合因素的环境承载力可称为"资源与环境承载力"
洪阳，叶文虎	可持续环境承载力的度量及其应用	区域资源环境承载力是指不同尺度区域在一定时期内，在确保资源合理开发利用和生态环境良性循环的条件下，资源环境能够承载的人口数量及相应的经济社会总量的能力
毛汉英，余丹林	环渤海地区资源环境承载力研究	在一定时期和一定区域范围内，在确保资源合理开发利用和生态环境良性循环的条件下，区域资源环境所能够承载的人口数量及其相应的经济和社会总量的能力

1.2　国外资源环境承载力研究进展

承载力概念的起源可以追溯到马尔萨斯时代。马尔萨斯是第一个重视环境因素对人口规模影响的学者。他在 1798 年发表了著作《人口原理》，首次阐述了食物对人口增长的约束作用，并认为人口呈指数增长而食物呈线性增长。据此，马尔萨斯提出了一个著名的预言：人口增长若超越食物供应，会导致人均占有食物的减少。马尔萨斯预言的提出，拉开了早期承载力研究的序幕（张红，2007）。

Park 和 Burgess（1921）提出了生态学领域的承载力概念，即"某一特定环境条件下（主要指生存空间、营养物质、阳光等生态因子的组合），某种个体存在数量的最高极限"。Vogt（1949）在《生存之路》中延续了马尔萨斯的框架，以粮食为标准研究土地资源承载力，其认为人类的生存完全取决于环境，同时又影响着环境；人类赖以生存的自然资源的供给能力决定着人类的生活；相反，物理、生物和人为等环境阻力又影响和制约着这种供给能力。其首次提出了——"生态失衡"的概念，即人类对自然资源环境的过度开发将造成生态变化，同时提出了区域承载力的概念。环境承载力由环境容量概念演化而来，最早出现在 20 世纪 70 年代。Bishop（1974）在《环境管理中的承载力》一书中提出，"环境承载力表明在一个可以接受的生活水平前提下，一个区域所能永久地承载的人类活动的强烈程度"。

联合国粮农组织（1977）协同联合国人口活动基金会和国际应用系统分析研究所，以国家为单位对全球五个区域 117 个发展中国家的土地资源的人口承载能力进行研究，最后得出每公顷土地所能承担的人口数量。Slesser（1992）提出了 ECCO 模型，该模型将人口、资源、环境与发展四者的关系加以综合考虑，应用系统动力学方法模拟不同策略方案下人口与承载力之间的变化，从而建立一套满足上述四者条件的目标和政策，并在一些发展中国家得到成功运用。加拿大生态经济学家 Rees 和其学生 Wackernagel（1992）提出了生态足迹法，并由 Wackernagel 进一步完善，生态足迹法通过测量人类生存所需的真实生物生产面积，将其同国家和区域范围所能提供的生物生产面积进行比较，从而为判断一个国家或地区的生产消费活动是否处于当地生态系统承载力范围内提供定量依据。此后，国内外许多学者都相继利用生态足迹评价人类自身对生态系统的影响。联合国等国际组织（1993）联合推出了环境经济综合核算体系（简称 SEEA），该体系的核心指标为 EDP，即为绿色 GDP。它是指在现有国内生产总值的基础上，通过扣减经济发展的环境成本所得到的余值，其设计思想是假设经济发展的环境成本全部得到补偿，在保持资源环境系统功能可以永续利用的条件下，经济体系生产能力的阈值，绿色 GDP 的实质是用产出指标表达的环境承载力。诺贝尔经济学奖获得者 Arrow 等（1995）与其他国际知名的经济学家和生态学家一起，在《科学》杂志上发表了《经济增长、承载力和环境》一文，在学术界及政界均产生了强烈的反响，更进一步引发了人们对于环境承载力等相关问题的关注。美国国家研究理事会（2002）对 URS 公司关于佛罗里达 Keys 流域的承载力研究的报告做了中期考核，URS 公司的研究涵盖了承载力的概念、研究方法和模型量化手段。该研究认为，承载力是指在不对自然和人工资源造成破坏的前提下该地区所能承载的最大发展水平，其中心内容为一个由社会经济、财政、生活质量、基础设施、水资源、海洋和陆地等子系统和图形用户界面共同构成的承载力分析模型，该模型允许用户切换不同的用地方案并评估其对环境承载力的影响（陆建芬，2012）。

另外，印度学者 Joardor（1998）从供水角度对城市水资源承载力进行了相关研究。Harris 和 Kennedy（1999）着重研究了农业生产区域水资源的农业承载力，将此作为区域发展潜力的一项衡量标准。Rijsberman 等（2000）在研究城市水资源评价和管理体系中将承载力作为城市水资源安全保障的衡量标准。Saveriades（2000）对塞浦路斯东海岸的旅游环境承载力进行了研究，指出要反映区域的综合环境承载力，须对设施承载力、资源环境承载力、经济社会承载力及社会心理承载力进行研究。美国环保署（2002）研究了 4 个镇区的环境承载力，计算分析了 4 个湖泊的环境承载力，并提出了保护和改善湖泊水质的建议。Furuya（2004）对日本东北部水产业环境承载力进行了研究。Gerst（2009）以铜资源为例，应用物质流分析和未来情景分析来探索其未来的循环发展及其对环境的影响，从而实现资源的可持续利用。Mckeon 等（2009）研究了气候变化对澳大利亚北部牧场的承载能力的影响。Bernhard（2010）利用物质流分析方法对智利的计算机废弃物进行了评价，以促进计算机废弃物的处置和再利用从而减少浪费，促进自然环境和社会环境的协调发展。

1.3 我国资源环境承载力研究进展

国内学者对资源环境承载力的研究起步较晚，然而随着资源短缺、环境污染问题的日益突出，资源环境承载力已经成为了我国当前资源环境经济学领域的研究重点。学者和专家对资源环境承载力的研究也取得了大量的成果。国内对资源环境承载力的研究主要表现在以下三方面：

1）资源环境承载力的含义

环境承载力的概念最初出现于我国科研项目《我国沿海新经济开发区环境的综合研究——福建省湄洲湾开发区环境规划综合研究总报告》中，随后出现在一些学术论文中。彭再德和杨凯（1996）将区域环境承载力定义为：在一定时期和一定区域范围内，在维持区域环境系统不发生质的改变，区域环境功能不向恶性方向转变的条件下，区域环境系统所能承受的区域社会经济活动的能力，即区域环境系统结构与区域社会经济活动的适宜程度。唐剑武和叶文虎（1998）将环境承载力定义为：某一时期、某种环境状态下、某一区域环境对人类社会经济活动支持能力的阈值。他们认为环境承载力的本质就是环境系统的结构和功能的外在表现，并采用多指标综合的分析法对区域环境承载力的量化进行了初步尝试。

高吉喜等（2001）指出：环境承载力是指在一定生活水平和环境质量要求下在不超出生态系统弹性限度条件下，环境子系统所能承纳的污染物数量，以及可支撑的经济规模与相应的人口数量。2002 年版《中国大百科全书》将环境承载力定义为：在维持环境系统功能及结构不发生变化的前提下，整个地球生物圈或某一区域所能承受的人类作用在环境上的规模、强度及速度的限值。国内学者对区域资源环境承载力的研究经历了一个从资源承载力到环境承载力再到区域资源环境承载力的逐步演化发展的过程。最初只倾向于研究单个资源要素的承载力，研究资源环境对人口、经济发展的支持能力，特别是土地承载力及水资源承载力的研究。但随着研究的深入，发现仅研究单个资源要素承载力是不全面的、不足以描述整个区域的承载力状况，区域的承载力还受到环境因素的影响。近些年来，学者们逐渐将人类的社会经济活动纳入到研究范围，提出了一个综合资源环境以及人类社会经济活动多方面因素的综合评价指标——区域资源环境承载力。区域资源环境承载力是指确定的区域在一定时期内，在确保资源合理开发利用和生态环境良性循环的条件下，资源环境能够承载的人口数量及相应的经济社会总量的能力。

2）资源环境承载力的影响因素

冉圣宏等（1998）应用多目标模型最优化方法研究了北海市在不同发展模式下的环境承载力，根据计算得到的环境承载力指数分析了影响该区域环境承载力的主要因素，据此提出了提高该区域环境承载力的建议。陈南祥等（2005）分析了黄河流域水资源承载能力的影响因素。研究结果表明，除自然因素外，管理、工程、技术、社会经济以及宣传教育等因素对提高该区域的水资源承载能力具有重要意义。格日乐等（2006）应用大系统理论的分解协调原理，从土地承载力的影响因素出发将其分成8个子系统，研究各个子系统的主要构成因子，并以水土资源开发效率、投入水平和人口增长速度作为主要影响因素，研究土地承载力随影响因素的变化情况。朱丽波（2008）以区域环境承载力研究为核心，调查了宁波北仑区近些年的环境现状，从大气环境、水环境及土地资源与经济增长的相关性的角度研究制约环境资源的因素。从环境纳污能力、资源供给能力以及人类支持能力三方面对北仑区环境承载力的相对剩余率进行定量计算和系统评价，并提出相应的环境保护对策。刘玉娟等（2010）从影响资源环境承载力的关键因素——耕地资源、水资源及环境容量出发，应用"木桶短板效应"对汶川地震重灾区雅安市的资源环境承载力进行研究。吴振良（2010）从资源和环境系统的基本概念入手，应用物质流和生态足迹模型定量评价了环渤海地区资源环境压力承载状况。研究发现，当地的生态空间构成及其生态产能两大要素对区域资源环境承载力具有决定作用。陈修谦等（2011）以自然资源丰裕度、资源使用效率、环境治理能力和水平、生态环境破坏程度四个影响资源环境承载力的主要因素入手，运用层次分析法对中部六省的资源环境综合承载力进行综合评价，并分析了各省资源环境发展的优势与不足。

3）资源环境承载力评价指标体系

文传浩等（2002）在综述了近年来国内外旅游环境承载力研究进展的基础上，将旅游环境承载力划分为自然环境承载力、社会环境承载力、经济环境承载力三个层次，从而建立了自然保护区的生态旅游环境承载力评价指标体系。苗丽娟等（2006）从海洋生态环境系统与社会经济系统两个方面构建海洋生态环境承载力指标体系，一类指标用来反映区域社会经济发展对海洋生态环境的压力，另一类则用来反映海洋生态环境对区域社会经济发展的承载能力，为定量分析沿海地区生态环境承载力奠定了基础。程军蕊等（2006）在系统论述流域水资源承载力指标体系设计原则的基础上，根据钱塘江流域水资源的特点构建了该流域水资源承载力的评价指标体系，同时提出了流域水资源承载指数、压力指数及承载度指数的计算方法。黄秋香（2009）根据矿区资源环境承载力的内涵，建立了矿区资源环境承载力评价指标体系，并应用矢量法建立了多指标评价模型，为矿区资源环境承载力评价提供了一种更客观实际的方法。魏文侠等（2010）构建了造纸工业资源环境承载力评价指标体系，并结合我国造纸工业发展的区域差异性，采用层次分析法分区域确定各个指标的权重值，研究表明该指标体系对于进行造纸工业资源环境承载力评价具有实际可操作性。李树文等（2010）以地球系统科学、生态学为理论依据，以城市为研究背景，探讨了生态-地质环境评价指标体系的基本构成，建立了生态-地质环境承载力综合剩余率模型，该模型更科学地度量了区域人类活动与生态地质环境系统间的关系，为区域的可持续发展提供了理论依据。韩立民等（2010）介绍了海域环境承载力的概念及基本内涵，建立了评价指标体系并分析了影响和反映海域环境承载力的三类指标，最后应用模糊数学法对特定海域环境承载力进行了评价。董文等（2011）在资源环境承载力现有指标体系的基础上，选取空气、水、土地、能源和生态五类要素作为主要评价因子，分别从资源属性和环境属性两个角度以及发展潜力总量和质量两个方面，构建省级主体功能区划中资源环境载力的评价指标体系。

1.4 资源环境承载力评价指标体系研究进展

1.4.1 区域资源环境承载力评价指标体系

区域环境承载力的研究对象就是区域社会经济-区域环境结构系统，用于衡量区域环境承载力大小的环境承载力评价体系应该从环境系统和社会经济系统的物质、能量和信息的交换入手。由于承载力评价指标与经济开发活动、环境质量状况之间的数量关系本身非常复杂，还容易受到许多偶然因素的影响，因此很难确定。研究者往往针对特定区域的区域地理与资源、社会经济现状、区域开发与环境演化历史、开发规划、环境现状等特点，对资源环境承载力评价指标进行构建和筛选。例如，唐建武（1997）基于环境承载率的计算构建了污染承受类的 SO_2、TSP、COD、总 P 浓度、噪声，以及自然资源类的地下水开采量，社会条件类的单位绿地面积人群数、单位居住面积人群类等共 8 项指标组成的指标体系对山东某市的环境承载力进行了分析。宋照亮（2010）根据金竹片区水土流失严重，人均耕地减少，生物资源丰富，交通便利，水环境质量较差，农业生产依赖性强，工业以加工服务业为主，第三产业以旅游业为主等特点选取了 16 亚类 40 项指标构建了该区域的资源环境承载力评价指标体系。姚治华等（2010）在对城市地质环境承载力概念模型分析的基础上，设计了一套地质环境承载力评判指标体系，并以大庆市为例，对指标体系进行筛选和确定权重进行案例分析。

北京大学的洪阳和叶文虎（1998）专家对环境承载力的体系做了大量的研究。他们认为环境承载力的指标体系可以分为三类。①自然资源支持力指标。自然资源支持力指标包括不可再生资源以及在生产周期内不能更新的可再生资源，如化石燃料、金属矿产资源、土地资源等。②环境生产支持力指标。环境生产支持力指标包括：生产周期内可更新资源的再生量，如生物资源、水、空气等；污染物的迁移、扩散能力；环境消纳污染物的能力。③社会经济技术支持水平指标。社会经济技术支持水平指标包括社会物质基础、产业结构、经济综合水平、技术支持系统等。

1.4.2 资源环境要素承载力评价指标体系

1. 土地资源承载力评价指标体系

随着社会经济的发展，土地不但作为一种资源，更作为一种资产，在社会经济生活中起着越来越重要的作用，对生态环境、经济发展影响巨大。中国的土地承载力研究兴起于 20 世纪 80 年代后期，并迅速蓬勃发展起来。土地资源承载力评价关键在于指标体系的构建。目前，国内外土地资源承载力评价指标体系大多被纳入可持续发展体系，单独提出土地资源承载力的指标体系并不多见，如王书华和毛汉英（2001）针对中国东部沿海地区的土地综合承载力评价指标体系设计中将土地资源环境承载力评价指标划分为 4 个系统、8 个指标、30个表征变量。在现有的可持续发展评价指标研究中，经济学家偏重于经济可行性的研究，注重的是利润或投入产出率等方面的评价指标；生态环境学者注重的是土地质量的保护，着重水土质量评价指标的研究；土地资源学者注重的是资源有效性、土地退化和资源利用效率方面的评价指标研究；社会学者注重的是社会公平与效率方面评价指标的研究。归纳起来，土地资源承载力评价指标的主要内容有以下三方面。

1）生态（自然）指标

生态（自然）指标，既包括土地自身的特性，也包括土地的自然环境，通常包括气候条件、土壤条件、水资源、土地条件、生物资源等。这些指标反映土地资源利用方式的适宜性，即分析和确认其对土地资源的基本属性和演变过程的影响及结果，从生态过程（水分循环、养分循环、能量流动和生物多样性）分析土地利用方式的合理性。相关的综合指标有人均绿地面积、森林覆盖率、园地比例、草地比例、耕地年减少率、人均耕地、土壤肥力状况、土壤污染状况、土地沙化状况、单位面积工业废水排放量、单位面积工业废水排放量、单位面积工业废气排放量、环保投资比例等。

2）经济指标

经济指标主要包括经济资源、经济环境、土地利用集约度和土地综合效益等，反映土地资源利用方式在不会使用土地退化的基础上所能产生的经济效益，即从经济效益角度分析土地利用的合理性。相关的综合指标主要分城镇用地和农村用地经济指标两方面。作为基础的定量指标有人均 GDP、单位土地国内生产产值、工业总产值、第三产业比例、单位建设用地面积非农业产值、劳动生产率、农产品商品率、人均纯收入等。

3）社会指标

社会指标主要包括宏观的社会、政治环境，社会的承受能力，社会的保障水平，公众参与程度等，反映的是某种土地资源利用方式是否符合文化观、价值观和能否满足社会发展的需求。相关的综合指标有社会环境、人口数量和质量、生活质量、社会保障水平、公众参与程度、知识和技术、政策法规等。作为基础定量的指标有总人口、人口自然增长率、人口密度、人均粮食占有量、交通用地比率、城市化水平、人均受教育程度、人均寿命、教育投资比例、恩格尔系数等。

2. 水资源承载力评价指标体系

水资源承载力研究是继土地资源承载力研究之后比较多的领域。目前国内外对水资源承载力评价指标体系的研究，大致可分为两类。一类是从传统的水资源供需平衡计算基础发展起来的对区域水资源承载力的评价，如袁子勇等（2009）从水资源的供需角度选取供水模数、水资源开发利用程度、人均供水量、需水模数、工业用水重复利用率、耕地灌溉率、生态环境用水率等 7 项指标构建水资源承载力评价指标，并采用多目标灰色关联投影法对贵州省的水资源承载力进行评价。该类指标体系能反映区域水资源的供需状况，但无法反映水资源系统、社会经济系统结构差异对区域水资源承载力的影响（赵兵，2008）。

另一类是选择反映区域水资源承载力的主要影响因素指标，对这些因素进行综合，来进行区域水资源承载力评价。影响水资源承载力的主要因素：水资源的数量、质量及开发利用程度、生产力水平、消费水平与结构、科学技术、人口与劳动力、其他资源潜力、政策法规、市场、宗教、心理等，构建水资源承载力的指标体系必须考虑到上述影响因素。这类指标体系是水资源承载力评价的相对指标，这也是目前国内学者研究的热点。例如，许有鹏（1993）从水资源特征、保证程度、开发利用情况以及工农业生产、人民生活和生态环境对水资源的需求程度等诸方面综合分析基础上，建立评价指标体系，并根据各评价要素对水资源赋予不同的权重。李丽娟从定义出发，直接选取可支持人口数量、工农业发展规模等人口和社会经济发展指标作为衡量水资源承载力大小的依据。惠泱河（2001）和田文苓（2003）从水资源可供水量、需水量、可承载人口、社会、经济技术发展水平和规模，水环境容量等方面综合考虑建立水资源承载力评价指标体系，采用判断矩阵分析法确定权重。夏军（2012）从基本概念出发，通过水循环系统模拟、水资源评价、生态需水估算和社会经济对水的需求分析选取计算参数，通过流域"社会-经济-环境"系统的实际分析，确定水资源承载力评价指标，并采用层次分析法获得各指标权重值。彭静等（2006）基于水环境的水源、资源、纳污、生态四大功能过程，兼顾考虑到社会调节活动对水环境功能过程的影响，设计并构建了水环境承载的可持续性评价指标。该指标体系以指数-指标-变量的金字塔信息模式，以1个指数、6个分类指标、36个表征变量，评价区域水资源承载与经济社会荷载之间的相对关系。王友贞（2005）从区域水资源社会经济系统结构分析入手，围绕水资源承载力研究的核心问题-水资源承载力评价指标体系，提出水资源承载力可以用宏观指标和综合指标来衡量。宏观指标从供需平衡角度描述水资源系统能够支撑的经济规模和人口数量；综合指标反映水资源社会经济系统的承载状态和协调状况。但这一指标体系既不能反映区域水资源系统供需状况，也不能反映区域水资源承载能力大小的绝对指标。

3. 矿产资源承载力评价指标体系

矿产资源是重要的国民经济和社会发展的物质基础。目前94%以上的能源、80%以上的工业原料、70%以上的农业生产资料均来自于矿产资源。矿产资源的可持续利用对可持续发展战略具有举足轻重的作用。矿产资源消费量决定着国民经济总量，决定着国民经济的发展速度。因此对矿产资源承载力的定量研究不仅具有现实意义，而且具有深远的历史意义，然而国内外关于矿产资源承载力评价指标体系的研究非常少。

徐强（1996）将矿产资源承载力定义为"在可以预见的时期内，通过利用矿产资源，在保证正常的社会文化准则的物质生活水平下，用直接或间接的方式表现的资源所能持续供养的人口数量"，并从人口承载能力和经济承载能力两个方面对矿产资源承载能力进行分析。人口承载能力指标主要由预测的人均正常消耗量、预测的人口数量、预期需求、预期储量、供需平衡、预期储量承载人口、预期储量人均占有量和人均消耗平衡预测等指标构成；经济承载能力指标由预期国民生产总值总量、矿产资源探明储量消耗系数、矿产资源探明储量消耗总量、矿产资源探明储量预测总量、矿产资源支持能力、资源平衡和消耗平衡等指标构成。

王玉平和卜善祥（1998），付温喜（2013）通过国内外资料分析，提出了矿产资源经济承载力的概念，即在一个可预见的时期内，在当时的科学技术、自然环境和社会经济水平下，矿产资源可支持的经济总量。他们构建出现有矿产资源经济承载力、预测矿产资源经济承载力、现有矿产资源经济平衡和预测矿产资源经济平衡等矿产资源承载力评价指标以及矿产资源承载力模型，通过预测我国37种主要矿产资源对经济总规模的承载能力，为我国矿产资源勘查和开发提供了重要的决策依据。他们在"我国矿产资源与可持续发展研究"课题成果中，基于"物质生产-人口生产-环境生产"三大生产分类理论，将矿产资源承载力进一步分成对物质生产的承载力、对人口生产的承载力，并提出了矿产资源的指标体系。

然而，目前已有的矿产资源承载力评价指标体系主要突出了承载力的经济功能，对环境承载力的界定未能区分矿产资源自身的可持续利用与矿产资源对环境的影响，反映矿产资源自身可持续利用指标的地位也不够突出。以上研究所提出的评价指标体系多结合具体研究区域提出，目前还没有一个从全国尺度以及不同区域尺度出发且较为完善的评价指标体系框架。在指标体系建立的过程中体现出资源与环境间的相互作用关系也是本研究的关注点之一，以期能够有所突破（余敬，2004）。

1.4.3 生态环境压力评价指标体系

定量评价生态环境状态所需要的指标数据十分复杂，主要包括生态环境的活力、组织结构、社会经济状态、生态学相关指标等，同时离不开能够表征生态环境主要特征的相关参数或指标，但由于不同类型或区域的生态系统所处的自然、社会和经济状况各不相同，且生态系统发展阶段也不完全一致，因此监测的指标也各不相同（宋静等，2013）。通常，实施评价方都会根据全面性、层次性、目的性、可比性、可操作性、科学性、创新性、一致性等原则构建综合评价指标体系（苏为华，2000）。

目前，国内外学者提出了众多生态环境状态评价指标，如生态环境活力相关指标（Costanza et al.，1992），生态恢复力指标（Cairns et al.，1993），万本太关于社会经济系统的评价指标，马克明关于生态系统内部状态的指标等（万本太等，2009），具体如表 1-4 所示。

表 1-4 生态环境压力评价指标分类

生态环境压力评价指标分类	子指标	具体指标
活力	功能、生产力、生产量	新陈代谢、初期生产力、GDP
组织结构	结构层次、结构多样性	生物多样性指数、平均共有信息
恢复力	自救能力、负荷能力	种群恢复时间、化解干扰能力、生长范围
物理化学指标	水分	水资源总量、降水量、水污染程度
	大气污染	大气组分、大气污染程度等
	土地物理性质	土壤物理、化学性质及污染程度、农肥使用量等
生态学指标	陆地生态系统	动植物区系特征、生物多样性、种群、群落结构和分布
	水生态系统	动植物区系特征、水生生境类型和面积、生产力
	人口动态	人口密度、分布、变化趋势
	人类健康	死亡率、主要疾病发生程度、文化水平
	区域经济发展	主要经济活动、技术发展水平、城市化指数
社会经济指标	人类活动的影响	土地利用和分布、土地退化、耕地面积、公众环境意识、法制完善程度
	城市结构、城市环境	能耗、水耗、城市空气质量、城市安逸程度、卫生清洁指数、生物垃圾无害化处理指数、生活污水排放、工业废气、废水、二氧化硫排放
生态系统内部指标	生态毒理学、流行病学、生态系统医学	污染物特征指标、生物对污染物反应指标、生态过程速率、受胁迫生态系统症状
生态系统外部指标	社会经济指标、结构功能指标	GDP 总量、三产比例、工农业产值、单位 GDP 能耗、单位 GDP 水耗
影响生态系统健康因素	自然生态系统健康	人口增量、沙漠化、水土流失、森林破坏率、全球气温变化、空气污染等、工业废气、废水、二氧化硫排放
	经济生态系统	地区发展、资源占有指数、世界经济一体化指数
	社会生态系统	地区健康、文化素质、科技水平和社会意识形态

从未来趋势看，为了不断提高生态环境状态相关评价方法的准确性、客观性，数学模型法和生态系统网络监测技术（GIS 技术、RS 技术、GPS 技术）必定会得到越来越广泛的应用。同时随着生态环境压力相关研究的不断深入，生态环境压力评价的时空尺度也在不断拓展，使其与多学科的科学理论相结合成为可能。生态系统在某种程度上是一个包括自然-社会-经济系统的综合性复合系统，由于它同时受到多种干扰因素的影响，表现出极大的复杂性和不确定性，因此今后的生态环境压力评价将会越来越倾向于综合评价，通过综合评价才能更有效地反映不同时空尺度、不同区域生态类型的压力状态。

第 2 章 资源环境承载力研究的要素识别

资源环境承载力为承载媒介对所指对象的支持能力。对特定系统,承载力的主题可分为承载体本身和指向的承载对象,而基于该系统的承载能力是指承载体对指向的承载对象的客观能力的大小、承受的阈值度。研究一个区域的生态承载力就是通过研究其承载媒介的支撑和压力值来进一步量化特定区域的承载情况。

2.1 资源环境承载力的特征

资源环境承载力是区域空间开发的重要基础条件,不考虑资源环境承载能力的空间开发必然破坏人与自然的和谐,影响区域的可持续发展。传统规划在指导思想上,只追求满足经济快速发展的需要,而忽视了资源保障和环境容量,使我们在经济社会发展取得巨大成就的同时,也面临增长方式粗放、资源环境压力加大、区域发展不协调等突出问题(王东祥,2006)。

作为人类社会与资源系统的联结纽带,水环境承载力集客观性、有限性、可变性、可控性和层次性于一体,既具有资源环境的某些特点,又与资源环境的其他属性不完全相同,既适度接受人类社会的人为改造,又不可随心所欲。

1)客观性

资源环境承载力是区域在一定时期、一定状态下,资源环境系统客观存在的用以约束人类活动的自然属性,其存在与否不以人的意志为转移。对于某一区域而言,在一定限度之内的外部作用下,资源环境在与外界交换物质、能力、信息过程中,可通过自身内部各子系统的协调作用使系统由无规则状态转化为宏观有序的状态,保持着其结构和功能的相对稳定,不会发生质的转变。资源环境的这种本质属性,是其具有承载力的根源。显然,资源环境本身所固有的客观条件从根本上决定了资源环境承载力的大小。因而,资源环境承载力在资源环境系统结构、功能不发生本质变化的前提下,其质和量是客观存在的,是可以衡量和把握的。

2)有限性

在一定的时期及地域范围内、一定的自然条件和社会经济发展规模条件下,一定的环境系统结构和功能的条件下,区域环境系统对其人口、社会、经济及各项建设活动所提供的容纳程度和最大的支撑阈值或以最大的环境容量和环境质量支持城市社会经济发展的能力是有限的,即容载力是有限的。尤其是区域的社会经济发展规模、能力和环境系统的功能是决定区域环境容载力大小的主要因素。

3)可变性

资源环境承载力的可变性主要是由于资源环境系统结构、功能发生变化而引起的。资源环境系统结构、功能的变化,一方面因资源环境系统自身演变引起,另一方面与人类工程经济活动对资源环境大规模的开发、利用和改造有关。虽然变化的结果是客观的,但是,是否促成这种变化以及往什么方向变化在很大程度上却主要受到人类活动的影响。

由于资源环境提供的是对人类活动时期的最大支撑能力，而人类对资源环境开发、利用和改造规模、强度、速度是基于某一时期的社会生产力和认识水平；先前认为很多不可能的资源环境改造和利用，随着生产力水平的提高现在变得可行了；先前认为难以治理的资源环境问题，随着生产力水平的发展现今也可以防治了；先前不能利用的地质资源，随着科学技术的发展也可以使用了；先前人们认为人类活动不至于诱发的环境地质问题，随着人们认识水平的提高则认为是环境问题了；先前人类对资源环境的改造规模与速度较小时，不会出现资源环境问题，但随着生产力的发展，其规模和速度大大增加，将来可能导致出更大的资源环境问题。这些方面都可能使资源环境承载力随着科学技术水平、社会生产力发展而减小或增大。因此，资源环境承载力定义中所做的"某一时期"的限制，实际上也就给定了当时的社会生产力、科技发展水平，在此条件下资源环境承载力具有相应的量（马传明和马义华，2007）。

资源环境承载力本身是一个表征资源环境系统属性的客观的量，是资源环境系统活力的表现，是资源环境系统产出能力和自我调节能力的表现。但是，用不同的环境目标来衡量同一区域的资源环境承载力，可能会得出不同的结论，这也反映出人类对资源环境的依赖性。资源环境目标的制订是基于人类的认识水平、社会生产力的发展水平和人类对资源环境的具体要求，这使得环境目标具有暂时性、可变性。那么，在这一可变的环境目标的指导下，资源环境承载力也是可变的，因此，同一特定资源环境，在不同环境目标下，其承载力肯定也是不同的。

由于区域自然条件和社会经济发展规模、环境系统本身的结构和功能随区域发展处于不停的变动之中，这些变化一方面与环境系统自身的运动变化有关，另一方面与区域的发展对环境施加的影响有关。这些变化反映到区域环境容载力上，就是环境容载力在质与量这两种规定性上的变动。在"质"的规定性上的变动表现为环境容载力评价指标体系的变动；在"量"的规定性上的变动表现为环境容载力评价指标值大小上的变动。在不同的时间尺度和空间尺度都存在着变动性的特征。

4）可控性

资源环境承载力的可变性在很大程度上可以由人类活动加以控制。人类在掌握资源环境演变规律和人类活动-资源环境相互作用机制的基础上，根据生产和生活的实际需要，可以对资源环境进行有目的地开发、利用和改造，寻求资源环境限制因子并降低其限制强度，从而可以使资源环境承载力在量和质两方面向着人类预订的目标变化，以保障人类社会、经济活动的可持续发展。但是，人类活动对资源环境所施加的作用，必须有一定的限度。因此，资源环境的可控性是有限度的可控性。正是因为资源环境承载力的可控性，才使得研究资源环境承载力具有现实意义。

5）层次性

资源环境系统是多层次的有机系统，内含多个子系统（即水环境子系统、土地资源子系统、其他地质资源子系统等），而资源环境承载力则是多个子系统承载力的综合体。作为判断人类活动与整个资源环境系统协调与否的重要衡量标准，资源环境承载力的终极数值包含了高度浓缩的信息，有利于人类社会从宏观层面上对自身活动进行认识，并加以指导和调节。

上述分析表明：资源环境承载力是资源环境系统的客观属性，但又是可以调控的。因而，人类可以通过理性的行为，有针对性地提高资源环境承载力，为人类社会的可持续发展提供适宜的资源环境（李新琪，2000）。

2.2 资源环境承载力的构成

对特定系统，承载力的主题可分为水体本身和指向的承载对象，而基于该系统的承载能力是指承载体对指向的承载对象的客观能力的大小，承受的阈值度。研究一个区域的生态承载力就是通过研究其承载媒介的支撑和压力值来进一步量化特定区域的承载情况。

2.2.1 生态支撑力系统

自然驱动力、生态结构和生态服务功能既影响资源环境系统自身的相对稳定性，而且又对社会经济活动强度和人口数量、质量等方面都有着重要的支撑作用，因此这3个因素是影响资源环境承载力的主要因素。

1）自然驱动力

在自然生态系统中，自然驱动力反映没有经过人类作用的自然生态系统的自我平衡能力，是区域资源环境承载力和自然、社会与经济复合系统的研究基础，是自然生态系统的本底值，主要包括系统的地形地貌、气候条件等。

2）生态结构

生态结构是生态系统的构成要素及其时空分布和物质能量循环转移的途径。是可被人类有效控制和改造的生物群结构。不同的生物种类、种群数量、种的空间配置、种的时间变化具有不同的结构特点和不同功效，它包括平面结构、垂直结构、时间结构和食物链结构四种顺序层次。系统的结构是功能的基础，调整系统结构，是对环境资源合理开发与利用的重要手段，在区域资源环境承载力的研究中，一般将生态结构作为承载力的重要部分，对生态系统的支撑能力进行评价。

3）生态服务功能

生态服务功能，是生态系统为人类提供资源供给，提供环境场所，提供生存基本条件等，支撑与维持地球的生命支持系统，以及生物物质的地球化学要素的循环和水分转移循环等，维持生物物种的遗传多样性，维持环境的平衡与稳定的能力。但是这些功能中人们只利用了很小的一部分，生态系统在对社会经济发展提供支持作用的同时，人类却通过一些不合理活动包括草地破坏等人类干扰破坏生态系统服务功能，但又通过退耕还林、人工造林等生态建设活动来弥补生态功能的退化，社会经济发展是实现对生态系统及其服务功能的削弱又增强。因此，需要综合考虑研究区各生态系统的现状、资源的空间异质性，以及它对区域发展的稀缺性等因素，针对不同生态系统的特点，构建研究区生态服务功能与价值评价体系和综合评估方法。此外，生态服务功能持续供给是衡量生态承载效果的标准，也是衡量人类活动与生态系统之间协调度的条件，也是通过生态系统支撑社会经济可持续发展的基本保障。一个地区的资源环境承载力以及人类影响作用的变化，会影响到整个生态系统发展，也会导致生态系统服务功能的变化。

2.2.2 社会经济压力系统

资源环境承载力大小不但受资源、环境子系统供容能力、系统调节能力影响，而且与人口增长、社会经济发展关系密切，同等技术条件下，经济增长越快，生活质量要求越高的人群对资源环境系统的压力就越大，相应系统承载力会越低。概括来说，社会经济系统的影响因素主要从人口、经济和社会三方面进行考虑。当然，资源环境承载力也会因人类活动内容的不同而有所改变。通过合理的产业布局，改变人类活动的内容，将污染较重的企业转移到资源环境承载力相对较大的区域，可以提高资源环境较为敏感地区的承载力；改变人们的消费方式和生活方式，提高人们对环境资源价值、资源环境掠夺式开发和浪费会导致社会经济的不可持续发展的认识；加强宣传教育，普及可持续发展的意识。这些也可提高资源环境承载力。此外，科技进步也能够提高人类利用自然的能力，从而使同样的资源环境条件支撑更多的社会经济活动。

资源环境与社会经济发展相互影响，具有较大的相关性，一方面社会经济的发展要求资源环境提供良好的物质基础和环境条件，另一方面，传统的粗放的资源利用方式又加快了资源环境的耗竭和污染，其主要包括两个方面：一是对自然资源的过度开发超过了资源的更新速度和合理的承载量，造成资源的破坏和浪费，影响环境质量；二是在资源利用过程中，向环境排放污染物超过了环境容量，导致环境污染和生态破坏。而资源破坏和环境污染反过来又直接制约着社会经济的进一步发展。因而要实现可持续发展，必须注重协调资源环境与社会经济发展的关系，使经济发展速度控制在资源环境承载能力范围之内。

第3章 资源环境承载力研究方法

3.1 资源环境承载力研究的理论依据

3.1.1 可持续发展理论

研究资源环境承载力，最根本的出发点是实现区域的可持续发展。因此用可持续发展理论来指导资源环境承载力研究是十分重要的。通过分析可持续发展理论，可以发现其核心思想与资源环境承载力的内涵是不谋而合的。可持续发展最早是由环境学家和生态学家提出来的。1978年，国际环境和发展委员会首次在文件中正式使用了可持续发展的概念。1989年5月联合国环境署第15届理事会达成共识，认为可持续发展是指既满足当前需要又不削弱子孙后代满足其需要的能力的发展。1992年世界环境与发展大会以可持续发展为指导方针，讨论并通过了《21世纪议程》和《里约环境与发展宣言》等重要文件。可以说，可持续发展战略的研究和贯彻，已经逐步成为世界各国在制定发展战略时首先考虑的基本准则。

可持续发展思想从全局的角度来考察人类社会、经济、自然、资源、环境等问题，坚持以生态可持续为基础、以环境可持续为准则、以资源可持续为条件、以社会可持续为目标，最终促使社会共同进步、持续发展，并与自然、环境和谐一致的思想。落实到空间中，区域可持续发展是一个综合性、长期性、渐进的完整体系，包含"建立可持续发展的经济体系、社会体系和保护与之相适应的可持续利用的资源和环境基础"，具体表现为正确处理区域经济发展与区域人口、资源、环境的关系，即区域经济发展要以人口适当控制、资源永续利用、环境不断改善、生态良性循环为基础。

可持续发展理论强调发展只能建立在可再生资源的基础上，按照其可再生的频率来使用，以便于废弃物和排泄物能够为自然所分解和消化。这一点，被置于发展的首位。在这个基础上，可持续发展理论的基本内容被定位于发展的首位。在这个基础上，可持续发展理论的基本内容被定位于：①贫穷的根除，以便于制止资源的退化，同时要求社会经济政治体制的改革；②清洁或更清洁的工艺以减轻环境污染，它要求对R&D的投资和技术转变，要求对一切新方案进行环境影响的评估；③人口增长放慢，以便减轻人口对自然资源的压力；④环境成本内在化，以便减少有害排泄物的流出和危险废物的处理，使人类生活方式从资源破坏和环境污染中走出。可持续发展改变了以往单纯注重经济增长、忽视生态环境保护的传统发展模式，由资源型经济逐步过渡到技术型经济，综合考虑经济、社会、资源与环境效益。通过产业结构调整和合理布局，开发应用高新技术，实行清洁生产和文明消费，提高资源和能源的使用效率，减少废物排放，协调环境与发展之间的关系，可以使得经济社会的发展既能满足当代人的需求，又不至于对后代人的需求构成危害，最终达到社会、经济、资源与环境的持续稳定协调发展（吴珠，2011）。

3.1.2 区域经济发展理论

1. 区域经济发展基本条件

区域经济发展是一个多因素综合作用的过程。从资源配置的角度把区域经济增长的因素归结为资源禀赋、资源配置能力、区位条件和外部环境等四个方面（李小建和乔家君，2001）。

1）资源禀赋

区域经济增长所需的资源可分为自然资源和经济社会资源两大类。自然资源包括可用于经济增长的各种矿产资源、土地资源、生物资源、水资源、气候资源、风景资源等。经济社会资源主要包括劳动力和人口、资金、技术和社会环境。它们共同构成了区域经济增长的资源基础。自然资源是区域经济增长的基本条件，发展区域经济的活动就是对区内自然资源的开发利用。因此，区域经济发展是与其所拥有的自然资源密切相关，区域内自然资源的禀赋直接影响着区域经济活动的规模与效益，自然资源条件好，就具备了发展经济的自然资源优势，有利于经济增长。自然条件和自然资源提供了区域发展的可能性，而技术将这种可能性转变为现实性。纵观人类社会发展，每一次重大的技术革新，都会带来社会经济的迅速发展。目前发达国家技术进步在经济增长中的贡献率比重已达到50%～80%，由此可见科学技术对区域发展的重要程度。资金是区域经济增长中完成各种资源配置的重要因素，区域所拥有的资金量直接决定了它所能配置的资源的种类、数量和质量，进而在较大程度上影响区域经济增长的速度和质量。劳动力资源是区域经济增长的关键性因素之一。人是具有多种自然、社会属性的综合体，且集生产、消费于一体，是进行社会活动、改造和利用自然的主体。区域人口的数量、质量、构成、迁移及分布等都会对该区域发展产生影响。

2）资源配置能力

资源配置能力主要由经济体制、政府的经济管理能力、企业的组织水平和产业结构等构成。经济体制决定了制约经济运行的基本机制，进而影响到区域资源配置的基本方式和效率；政府的经济管理能力直接影响区域资源配置效率；企业的制度创新、技术水平、规模结构等决定企业本身的发展状况，是区域经济发展竞争力的体现。经济结构决定了区域资源配置的基本模式，其先进性或优劣影响到区域资源配置效率的高低。

3）区位条件

区位条件决定了一个区域与其他区域的空间关系，这种空间关系通过它们互相之间的交通联系所决定的距离成本而对其经济增长产生作用。区域条件大体上决定了区域所处的大的自然环境，区域所处的自然环境好，就有利于其经济增长；否则，经济增长就会受到自然环境的约束。实践证明，在全国经济发展大格局中区域的位置不同，所获得的外部发展机会就有差别，国家对它在经济发展方面的政策支持和直接投入也就不一样，因而对其经济增长的推动力就有大小之分。

4）外部环境

由于区域是一个开放的经济系统，所以区域经济增长必然受到外部环境的影响。全国的经济发展格局从宏观的角度影响一个区域经济发展的基本走势。区域经济关系较大程度上决定了一个区域在与其他区域的经济交往中能否获得更多的发展机遇，并且影响一个区域能否通过与其他区域的分工与合作来更好地发挥自己的优势、弥补自身的不足。国际经济背景对不同区域的经济增长也产生一定的影响。一般而言，一个区域对外开放度越高，受国际经济背景变化的影响也就越大。

2. 区域经济增长理论

区域增长极理论是在法国经济学家弗朗索瓦·佩鲁的增长极理论基础上发展起来的。区域经济中的增长极是指具有推动性的主导产业和创新产业及其关联产业在地理空间上集聚而形成的经济中心。增长极具有如下几个特点：在产业发展方面，增长极通过与周围地区的经济技术联系而成为区域产业发展的组织核心；在空间上，增长极通过与周围地区的空间关系而成为支配经济活动空间分布与组合的重心；在物质形态上，增长极通过支配效应、乘数效应、极化与扩散效应因而对区域经济活动产生组织作用。支配效应是指增长极具有技术、经济方面的先进性，能通过与周围地区的要素流动关系和商品供求关系对周围地区的经济活动产生支配作用。换句话说，周围地区的经济活动是以增长极的变化而发生相应的变动；乘数效应，就是增长极的发展对周围地区的经济发展产生示范、组织和带动作用，从而加强与周围地区的经济联系。在这个过程中，受循环积累因果机制的影响，增长极对周围地区经济发展的作用会不断得到强化和放大，影响范围和程度随之增大；极化效应是指增长极的推动性产业吸引和拉动周围地区的要素和经济活动不断趋向增长极，从而加快增长极自身的成长。扩散效应是指增长极对周围地区的要素和经济活动输出，从而刺激和推动周围地区的经济发展。增长极的极化与扩散效应的综合影响称为溢出效应。如果极化效应大于扩散效应，则溢出效应为负值，结果有利于增长极的发展。反之，如果极化效应小于扩散效应，则溢出效应为正值，结果对周围地区的经济发展有利。增长极的三个方面的作用说明：一方面，区域中的各种产业将以增长极为核心建立区域产业结构；另一方面，增长极的形成，必然改变区域的原始空间平衡状态，使区域空间出现不平衡。增长极的成长将进一步加剧区域空间不平衡，导致区域内地区间的经济发展差异。新的增长极的形成则会改变区域原来的空间结构和产业结构，使之更为复杂。不同规模等级的增长极相互连接，就共同构成了区域经济的增长中心体系和空间结构的主题框架。不难看出，增长极的形成、发展、衰落和消失，都将引起区域的产业结构和空间发生相应的变化，从而对区域经济增长产生重大影响。

循环积累因果原理是经济学家冈纳·缪尔达尔在其《美国的两难处境》中首次提出。他把社会经济制度看成是一个不断演进的过程，认为导致这种演进的技术、社会、经济、政治、文化等方面的因素是相互联系、相互影响和互为因果的。如果这些因素中的某一个发生了变化，就会引起另一个相关因素也发生变化，后者的变化反过来又推动最初的那个因素继续变化，从而使社会经济沿着最初的那个变化所确定的轨迹的方向发展。可见社会经济的各个因素之间的关系并不守恒或者趋于均衡，是以循环的方式在运动，而且不是简单的循环，这种循环具有积累的效果。例如，贫困人口最初的收入增加到他们收入的进一步增加，就是一个循环，特点是循环中各因素的变化具有因果积累性而且是上升的。当初，如果贫困人口的最初收入是减少的，那么。循环过程就会导致其收入进一步减少的下降的循环。所以，各因素之间的关系变化存在上升或下降两种循环的可能。总起来看，循环积累因果原理重点强调了社会经济过程中存在三个环节，即最初的变化，接着是一系列的传递式相关变化，最后又作用于最初的变化，并产生使其上升或下降的进一步变化，从而构成循环。

乘数原理和加速原理是经济学在研究经济增长中若干因素之间作用的变化所得到的理论认识。乘数原理是支出经济增长中投资对于收入有扩大作用，总投资量的增加可以带来若干倍于投资增量的总收入的增加。乘数是英国经济学家卡恩于 1931 年提出的一个概念，用来表示一项新投资使就业增加的总量与该项投资直接产生的就业量的比例。1936 年凯恩斯在《就业、利息和货币通论》中对乘数概念进行了扩展，用乘数表示投资物即生产资料的生产，于是就引起就业和社会上的收入增加。收入的增加又刺激消费的增加，因而就扩大了消费品的生产，这也会引起就业和收入的增加。可见，一项新投资不仅直接增加收入，而且还通过引起消费需求的增加而间接增加收入。故总投资量增加就会使总收入数倍于投资增量的增加。从这里，可以看出经济活动之间存在着一定的连锁性、放大性反应。加速原理说明了经济增长中收入或消费量的变化如何引起投资量的变动，即在工业生产能力区域完全利用时，消费品需求的微小增加就会导致投资的大幅度增长。加速原理的基本思想是，投资将加速减少，所以，加速具有正向和负向双重作用；投资变动的幅度大于产量或收入的变动率。由此可见，只有产量按一定比率持续增加，才能保持投资率不下降。否则，产量增长率减慢。投资增长率就会大幅度下降或停止，也就是说，尽管产量的绝对量没有绝对下降，不仅只是相对地减慢了速度，经济增长也会出现衰退。在经济增长过程中，乘数作用和加速作用是同时存在的，并且相互发生作用，即投资的变动引起国民收入的成倍变动，国民收入的变动又会反过来影响投资的加速变动。在乘数作用和加速作用的影响下，经济增长就出现了周期性的变化或波动。即投资引起收入的变动，而在乘数原理作用下，收入的变动是有变动幅度的；这样的收入变动在加速原理的作用下，又引起投资发生相应的变动；反过来，投资变动又引发新一轮的收入变动。如此构成循环，形成经济增长的周期性变化。

3.1.3 系统工程理论

1. 基本概念

系统工程的基本思想是采用最优化技术，从综合管理的角度正确地处理好复杂系统的空间结构，以取得最大的综合效益。资源承载力研究要求充分考虑人口、资源与经济等多要素的系统组合，从整体大系统的协调出发，为取得整个系统综合效益最大化组织资源优化配置。因此，研究资源承载力要依据系统工程的理论与方法（张妍和于相毅，2003）。

系统科学兴起于 20 世纪 30 年代，其系统与外界不断进行物质、能量和信息的交流，系统被作为一个整体进行研究，并认为系统大于其组成之和。确定的系统有其内在的随机性，而随机性的系统又有内在的确定性。因此，系统论、信息论、控制论等理论随之相继诞生（陈学中和盛昭瀚，2005）。

我国著名科学家钱学森提出的系统定义是"把极其复杂的研究对象称为系统，即由相互作用和相互依赖的若干组成部分结合成具有特定功能的有机整体，而且这个系统本身又是它所属的一个更大系统的组成部分。"

在自然界和人类社会中，系统是普遍存在的，而且形式多种多样。从工程技术的角度观察，系统可以分为自然系统和人工系统两大类。就自然系统而言，整个宇宙、银河系、太阳系可以看成是一个大系统，地球上存在着海洋系统、大气系统、水循环系统、天然河流系统等都属于自然系统；人工系统是人类在其生产和生活活动中为达到不同的目的人为地建造起来的有机整体，如在工农业、交通运输、能源、水力、文化教育、医疗卫生等方面都存在多种多样的人工系统。

不论人工系统还是自然系统，都具有层次性、相关性以及整体性。层次性即系统可以看成是由若干子系统有机结合而成，子系统又由若干更小的二级子系统构成。系统的相关性是指系统的若干组成成分是相互作用、相互依赖的，系统要素之间的这种有机联系就是系统的相关性。系统的整体性是指系统虽然是由各个组成部分构成，但它是作为一个统一的整体存在的。各要素各自的功能及其相互间的有机联系，只能是按照一定的协调关系统一于系统的整体之中。资源承载力研究对象就是一个具有层次性、相关性和整体功能的复合系统，由社会经济系统、资源系统等组成。由于经济系统不是封闭的，具有开放性，需要不断从外界补充物质和能量，又由于经济活动的主体是具有主动调节能力的人类，人类则希望通过限制负反馈机制，进而采取正反馈手段来扩大资源开发、扩展生态承载、促进经济增长。这一系统具有一般系统的特征，符合系统工程的基本原理。

2. 系统耦合

耦合原本是物理学概念，是指两个或两个以上的体系或两种运动形式之间通过各种相互作用而彼此影响的现象，随着研究对象的综合性、复杂性，耦合这一概念被广泛地应用在农业、生物、地理、环境等各项研究中。由于影响因素之间的这种耦合可以产生正、负效应，即这种彼此影响有可能导致它们之间互相促进，也有可能导致它们之间互相破坏，因此，耦合也可以理解为两个事物通过某种方式相互促进、相互制约、关联互动而成为一个系统。

系统耦合是指两个或两个以上的具有耦合潜力的系统，在人为调控下，通过能流、物流和信息流在系统中的输入和输出，形成新的、高一级的结构功能体，即耦合系统，对耦合系统的研究多集中于耦合系统模式的建立和耦合结果的分析，系统是由单元的耦合、单元的运动和信息的反馈组成的。单元系统即单元的耦合是系统存在的现实基础，单元的运动形成系统的行为与功能，而依赖信息，系统的单元才能形成。随着研究的深入，针对耦合系统的复杂组分和结构，探索多子系统共同作用于整个系统的机制以及区域性系统耦合的发生成为重要的研究方向。通过系统耦合研究，可以强化系统的整体功能，放大系统的整体效益。资源系统就构成而言，主要是自然系统，但资源的开发和利用还受到经济系统的影响。资源与人口、经济、生态环境互相耦合，并不断发展变化，是一个多层次复杂巨系统。从系统关系分析，生态环境系统为人类提供生存环境，资源系统支持经济系统的发展，而经济系统反过来又影响生态环境和资源系统的物质条件保障。同时，这些系统及相关关系构成了复杂的巨系统（任继周和万长贵，1994）。

资源承载力研究不同层次下不同要素组成的人口、资源、环境与经济复杂子系统。利用系统工程的方法，强调系统结构域系统行为的关系，根据各层次、各要素之间的耦合特点及相互关系，将整个系统划分为若干相互联系又相互独立的子系统。从系统整体性和层次性方面建立评价体系，明确作用于子系统间或子系统内部的因果关系，研究系统中存在的各种反馈环。依据建模目的，建立以系统动力学为主的数学模型，从而对资源承载力进行研究。

3.1.4　生态经济学相关理论

从经济学角度进行生态环境问题的成因或驱动力相关研究，是目前国际上一大主流方向。以现代生态经济学为研究视角，具有开创意义的研究者首推庇古。庇古于 1920 年在《福利经济学》一书中提出了著名的外部性理论，并在 1932 年首次将生态环境污染作为外部性问题进行了研究。按照外部性理论，政府只要对负面环境外部影响行为征税，对产生正面环境外部影响的行为进行补贴，就能使环境问题的外部性内部化，从而解决生态环境问题上的市场失灵问题。

20 世纪 60 年代，在一篇名为《社会成本问题》的文章中，作者科斯对于庇古的观点进行了研究和求证，同时提出了大量的不同意见。首次从产权的角度提出了外部性环境问题产生的原因和解决外部性环境问题的思路。作者认为，只要产权明确，在交易成本趋近于零的情况下，通过协商，市场自身能够解决由于外部性而产生的市场失灵问题，而整个过程根本无需政府干预。这个观点在经济学中通常被称为"科斯定理"。

从生态经济学角度总体来看，针对环境问题产生的根本原因的讨论集中于环境和自然资源配置过程当中市场和政府各自失灵的角度。该思路为从经济角度探索环境问题，提供了解决方案和可供参考的理论基础。生态经济学的主流观点认为，社会经济系统和自然生态系统的相互作用主要表现为三种形态：一是生态系统与社会经济系统处于可持续发展状态；二是两者均处于恶性循环状态；三是生态环境和经济发展的相互平衡被打破，处于失衡状态。生态经济学理论的核心即是关注生态环境与经济的协调发展问题。

3.2　资源环境承载力评价方法研究进展

生态承载力研究是生态环境规划和实现区域社会经济可持续发展的前提，其研究方法目前由定性分析走向动态定量评价：定性分析主要是通过详尽描述与描绘来获取状态及过程，得出的结果和结论相对概括与抽象，虽然也能反映出状态及过程的细节，但无法满足精确研究的要求；定量分析主要通过获取生态状态的存量、速度及稳定等方面的数量特征，对承载力进行精确的估算。

目前常用的生态承载力研究方法包括：自然植被净第一性生产力估测法、资源与需求差量法、生态足迹法、状态空间法和综合评价法等（梁春林和陈春亮等，2013）。

彭再德等（1996）分析了环境承载力与区域环境容量和区域环境规划的区别和联系，建立评价指标的灰色关联度模型及各项指标变化的灰色预测模型，并以此对上海市浦东新区区域环境承载力进行分析研究。蒋晓辉等（2001）建立了研究区域水环境承载力的大系统分解协调模型，并将模型应用于关中地区，进而得到不同方案下该地区的水环境承载力指数，并据此提出了提高关中地区水环境承载力的最优策略。闫旭骞等（2005）根据矿区资源环境承载力的内涵，建立了矿区资源环境承载力评价指标体系，并应用矢量法建立了矿区资源环境承载力评价的多指标评价模型，为矿区资源环境承载力评价提供一种更加符合客观实际的评价方法。程雨光（2007）应用主成分分析方法研究了江西省 11 个地市 2004 年的资源环境承载力，提出了相对资源环境承载力的概念，并计算了江西省 1998～2002 年的相对资源环境承载力，提出了改善资源环境承载力的对策建议。陈南祥等（2008）介绍了基于熵权的属性识别模型，并用其评价了陕西关中平原的地下水资源承载能力，得出该地区地下水资源的开发及利用已具相当的规模，且仍有一定的开发利用潜力，水资源的供给在一定程度上能满足该区域的社会发展，研究结果与事实相符。程国平等（2009）在论述资源环境承载力相关理论的基础上，结合煤炭生产的现状，分别提出了煤炭产出水平与环境承载力和资源承载力的关系模式，并提出了符合中国当前实际的关系模式。程莉等（2010）基于苏州市水资源现状，从维护和保护河流生态系统正常功能的前提出发，在确保生态环境用水的条件下，构建了水资源与社会、经济、生态环境相联系的水资源承载力系统动力学模型。

3.2.1　自然植被净第一性生产力估测法

净第一生产力反映了某一自然生态系统的恢复能力。虽然生态承载力受多种因素和不同时空条件制约，但是特定生态区域内第一性生产者的生产能力是在一个中心位置上下波动的，而这个生产能力是可以被测定的。与背景数据相比较，偏离中心位置的某一数值可视为生态承载力的阈值，这种偏离一般是由于内外干扰使某一自然生态系统变化成另一等级自然体系造成的。因此，通过对自然植被净第一性生产力的估测，能确定该区域生态承载力的指示值，通过判定生态环境质量偏离本底数据的程度作为自然体系生态承载力的指示值。Lieth 等（1975）首先开始对植被净第一性生产力的模型进行研究，此外，Uchijima 等（1985）也对植被净第一性生产力进行了研究（周红艺和李辉霞，2010）。由于对各种调控因子的侧重不同以及对净第一性生产力调控机理解释的不同，产生了很多模拟第一性生产力的模型，大致可分为 3 类：气候统计模型、过程统计模型和光能利用率模型。目前，国内比较成熟的模型是由周广胜根据水热平衡联系方程及植物的生理生态特点建立的，模式为

$$\text{NPP} = \text{RDI}^2 \frac{r(1+\text{RDI}+\text{RDI}^2)}{(1+\text{RDI})(1+\text{RDI}^2)} \exp\left(-\sqrt{9.87+6.25\text{RDI}}\right) \tag{3-1}$$

$$\text{RDI} = (0.629 + 0.237\text{PER} - 0.00313\text{PER}^2)^2 \tag{3-2}$$

$$\text{PER} = \text{PET}/r = \text{BT}58.93/r \tag{3-3}$$

$$\text{BT} = \sum t/365 = \sum T/12 \tag{3-4}$$

式中，NPP 为自然植被净第一性生产力，t DM/（hm²·a）；RDI 为辐射干燥度；PER 为可能蒸散率；PET 为年可能蒸散量，mm；r 为年降水量，mm；BT 为年平均生物温度，℃；t 为 <30℃与>0℃的日均温；T 为 <30℃与>0℃的月均温。

由式（3.1）可知，根据生物温度及降水量就可近似地求得自然植被的净第一性生产力（周广胜和张新时，1996）。

3.2.2　资源与需求差量法

区域生态承载力体现了一定时期、一定区域的生态环境系统对区域社会经济发展和人类

各种需求（生存需求、发展需求和享乐需求）在量（各种资源量）与质（生态环境质量）方面的满足程度（王书转，2009）。因此，区域生态环境承载力可以从该地区现有的各种资源量（P_i）与当前发展模式下社会经济对各种资源的需求量（Q_i）之间的差量关系，如（$P_i - Q_i$）/（Q_i），以及该地区现有的生态环境质量（$CBQl_i$）与当前人们所需求的生态环境质量（$CNQl_i$）之间的差量关系，如（$CBQl_i - CNQl_i$）/（$CBQl_i$）。

差量度量评价方法，结合完整的指标体系，王中根等对西北干旱区河流流域进行了评价分析，证明此方法能够简单、可行地对区域生态承载力进行有效的分析和预测（王中根和夏军，1999）。

3.2.3 状态空间法

状态空间法是欧氏几何空间用于定量描述系统状态的一种有效的方法。通常由表示系统各要素状态向量的三维状态空间轴组成。利用状态空间法中的承载状态点，可表示一定时间尺度内区域的不同承载状况。利用状态空间中的原点同系统状态点所构成的矢量模数可以表示区域承载力的大小（王忠蕾等，2010）。

利用综合多种因素的状态空间法求出综合的区域承载力，并以资源、环境与社会经济发展矛盾比较突出的环渤海地区为例，求算出环渤海地区现实的承载力情况（余林丹，2003）。其数学表达式为

$$M = \sqrt{\sum_{i=1}^{n}(w_i \cdot \text{RCS}_i)^2} \tag{3-5}$$

$$\text{RCC} = \sqrt{\sum_{i=1}^{n} w_i^2} \tag{3-6}$$

式中，w_i 为区域 n 个评价指标的权重（$i=1, 2, \cdots, n$），RCS_i 为 n 个评价指标的现实值；M 为现实区域承载力，其数值的大小即定量地代表现状区域发展状况；RCC 为理想区域承载力。根据 M 与 RCC 值得比较，就可以对区域的实际承载状况进行判断。

3.2.4 生态足迹法

自然资产的存量能否支撑可以预见的人类负荷是经济学和生态经济学要解决的一个基本问题。"自然资产-人口负荷"的生物物理限制，以及如何衡量二者关系的指标体系成为经济学家和生态学家关注的焦点，生态足迹法应运而生。早在1992年，Williams E. Rees 等提出了生态足迹的概念，即任何已知人口的生态足迹是生产这些人口所消费的所有资源和吸纳这些人口所产生的所有废弃物所需要的生态生产性土地的总面积和水资源量。生态足迹法本质上是一种度量可持续发展程度的方法，是一组基于"生态生产性土地"面积的量化指标。由于自然资本总是与一定的地球表面相联系，因此生态足迹用生态生产性土地的概念来代表自然资本。这种替换的一个好处是极大地简化了对自然资本的统计，并且各类土地之间总比各种繁杂的自然资本项目之间容易建立等价关系，从而方便计算自然资本的总量。事实上，生态足迹分析法的所有指标都是基于生态生产性土地这一概念而定义的。根据生产力大小的差异，将地球表面的生态生产性土地分为六类：化石能源地，可耕地，牧草地，森林，建成地，海洋（周伟和曾云英，2005）。

生态足迹测量了人类的生存所必需的真实土地面积，同许多类似的资源流量平衡一样，生态足迹仅考虑了资源利用过程中经济决策对环境的影响。生态足迹的计算时基于以下两个事实：人类可以确定自身消费的绝大多数资源及其所产生的废弃物的数量；资源和废弃物流能转换成相应的生物生产土地面积，它假设所有类型的物质消费、能源消费和废水处理需要一定数量的土地面积和水域面积（吕光明和何强，2008）。计算公式如下：

$$EF = \sum_{i=1}^{n} w_i(cc_i) = \sum_{i=1}^{n} (ac_i / p_i) \qquad (3-7)$$

$$EC = \sum_{i=1}^{n} w_i(ep_i) = \sum_{i=1}^{n} (ae_i / p_i) \qquad (3-8)$$

式中，EF 为生态足迹总量；EC 为地区生态承载力供给；i 为交换商品或投入的类型；w_i 为第 i 种消费品或生物资源土地类型生产力权值；cc_i 为第 i 种消费商品的生产足迹；ae_i 为第 i 种资源生物生产总量；ac_i 为第 i 种消费商品的消费总量；p_i 为第 i 种商品的生物生产单位面积产量；ep_i 为第 i 种生物资源的生产足迹。

生态足迹法自 1992 年提出后，经过 20 多年的发展，在各个尺度上都得到了广泛的运用，并得到众多学者的肯定和采用。但是生态足迹法主要用来衡量人口对生态服务功能的占用情况，在二氧化碳的吸收、海洋与地下水的作用、解释一些重要的生态环境问题、技术进步的影响、动态分析和预测未来发展等方面存在着诸多缺陷。因此，现今大量学者在不断修改完善模型，并在研究中引入了能值分析、成分模型、情景分析、投入-产出分析以及干扰分析等方法，对生态足迹方法加以修正，以进一步完善该方法（胡淼和周应祺，2006；张芳怡和濮励杰等，2006；曹淑艳和谢高地，2007；赵卫和刘景双等，2007）。

3.2.5 综合评价法

国内应用综合评价法计算承载力最为成熟的是高吉喜于 2000 年对黑河流域的可持续发展状况进行评价分析。高吉喜根据生态承载力定义，生态可持续承载需满足三个条件：压力作用不超过生态系统的弹性度；资源供给能力大于需求量；环境对污染物的消化容纳能力大于排放量，并在此基础上提出承载指数、压力指数和承载度用以描述特定生态系统的承载状况。

通常情况下，承载媒体的承载能力总是屈居于多方面的因素。假设承载媒体 S 的承载力大小取决于 x_1, x_2, $\cdots$, x_n, 等 n 个因子，则该承载媒体的承载力大小 CCS 可用数学式表达为

$$CSI = CCS = \sum_{i=1}^{n} S_i W_i \qquad (3-9)$$

式中，CSI 为承载指数，S 为相应承载分量，W 为每个因子占得权重。从中可见，承载指数的大小取决于各承载分量的大小和各分量的权重值。CSI 越大，表示承载能力越大。

同样，假设承载对象的压力是客观存在的，承载媒体的承载的压力大小 CCP 可用数学式表达为

$$CPI = CCP = \sum_{i=1}^{n} P_i W_i \qquad (3-10)$$

式中，CPI 为压力指数。

承载指数表示承载媒体的客观承载能力大小，当以承载对象和承载媒体的相对大小表示时，成为承载压力度，简称承压度。承载媒体 S 的承压度可用承载指数和压力指数表示，即

$$CCPS=CCP/CCS \tag{3-11}$$

式中，CCPS 称为承压度，当 CCPS＞1 时，承载超负荷；CCPS＜1 时，承载低负荷；CCPS=1 时，承载压力平衡。

3.2.6 系统动力学法

系统动力学是一种定性与定量相结合，系统、分析、综合与推理集成的方法，加之模型所考虑的是整个系统的最佳目标，强调大系统中各个子系统的协调和大系统的综合。因此，利用系统动力学模型可以较好地把握系统中众多因子的相关关系，分析系统结构，明确系统因素间的关联作用，通过因果反馈图和系统流图，建立系统动力学模型，模拟不同发展战略实现对系统结构、功能乃至发展趋势模拟和预测。英国科学家马·斯莱塞等应用该方法建立了人口资源与发展之间的系统动力学模型，即 ECCO 模型，进行承载能力综合计量。1984年苏格兰资源利用研究所向联合国教科文组织提交的研究报告就使用了这种方法。我国学者张志良等（1990）也采用此法对河西地区的土地人口承载力情况进行了研究。中国科学院地理研究所曾采用该方法分析了柴达木盆地的水资源承载力。惠泱河等（2001）应用该法建立了二元模式下水资源承载力系统动力学动态仿真模型，研究了不同方案下陕西关中地区水资源承载力。该方法的优点在于，能定量的分析各类复杂系统的结构和功能的内在关系，能定量分析系统的各种特性，擅长处理高阶、非线性问题，比较适应宏观的长期动态趋势研究。缺点是系统动力学模型的建立受建模者对系统行为动态水平认识的影响，由于参变量不好掌握，如果控制不好会导致不合理的结论。每种方法有其特定的优点和缺点。对常用的评价方法进行了归纳和总结（景跃军和陈英姿，2006）。

3.2.7 生态环境压力评价方法

目前的研究水平和研究技术还不足够应对瞬息万变的生态系统，因此想要获取较为准确、客观的生态系统定量信息还需要不断探索新的评价方法。同时，生态环境压力评价中指标筛选、评价标准和等级的划分、评价结果的准确性及评价预测的精度等问题还有待进一步改进（陈润羊和齐普荣，2006）。可以认为，针对生态承载力以及生态环境的压力的研究目前还处在起步阶段。

纵观国内外已有研究中比较常用的生态环境压力测度方法，基本可归纳为四大类型（表3-1）：

（1）供需平衡法：主要代表有绿色 GDP 核算法（green GDP accounting）（Bartelmus，1999），能值（emergy）分析法（Brown and Ulgiati，1997），这两种方法把环境污染问题或生态破坏问题以货币和能值的形式进行阐述。2001 年陈敬武（2001）提出了应用投入产出模型预测区域经济发展对环境的影响。王忠根、夏军（1999）通过测算区域资源存量与经济发展对资源的实际需求量之间的差距，以及研究区生态环境质量现状与人们实际所需生态环境质量之间的差距获得西北干旱区域的生态环境承载力评价结果。

（2）生态足迹法：该模型由 Rees 和 Wackemagel（1992）提出，从需求和供给两个方面

表 3-1 生态环境压力主要定量评价方法

方法	国内外代表研究者	优势与不足
供需平衡法	Bartelmus，Brown，陈敬武、王中根、夏军	该类方法简单、可行，能对区域生态环境承载力进行有效的分析、预测。早期使用较多。但不能充分反映区域社会经济发展状况和生活水平，不能满足对自然、社会、经济系统的综合诊释
生态足迹法	Rees & Wackemagel，Jorgerson，徐中民，	生态足迹法拥有概念生动，易于理解，指标可比性强，以及计算简单等优点。但计算结果相对静态，缺少对系统的动态研究，不能更好反映一段时期内生态承载力的变化状况，而且模型中采用的全球平均产量、转化因子、用地类型的标准化等因素都会对评价结果的准确性产生影响
指标体系法	Camerio，Brush，OECD，袁建军，武雅坤，毛汉英，徐福留，高吉喜	指标体系的计算方法一般有两种：直接求和法和状态空间法。直接求和法是某一层次指标将其下级指标的相对值在引入权重进行调整之后直接求和得到该指标的相对值，该法简单易行。状态空间法在计算中需要每个指标的理想值，而理想值的判定存在很大的不确定性，使结果带有很大的主观性
系统模型法	Forrester，余洁等，王红瑞等，李祚泳，王开运	目前还在起步阶段，统计学模型是以数值关系为基础进行函数关系的模拟，不能表达系统内部的过程逻辑关系，模拟精度不够高。系统动力学模型以因果关系为基础，能清晰表达系统的作用机制，但较为复杂，模拟巨系统仍存在许多不确定因素，实现准确模拟还有一定困难

分别计算承载力的大小，通过对比二者的盈亏来得出区域生态承载力的可持续性（Rees，1992）。Jorgenson 和 Burns（2007）以年为单位，针对同一年的不同国家进行了研究，以其政治经济对生态环境的影响为研究对象，经过系统分析发现生态承载力的大小主要取决于其能够为人们提供的生产性土地面积的大小。1999 年生态足迹的概念引入我国，徐中民等（2003）学者利用该方法，对全国及部分省份的生态足迹进行了测算分析，得出近一半以上城市的生态承载力已经超出其合理承载范围。

（3）指标体系法：早期的指标评价体系法从 20 世纪 70 年代就已经产生。最初有代表性的有 Brush（1975）、Cameiro（1960）在土地承载力研究方面的应用。1993 年 OECD 在 P-S-R 框架上（Performance，1993），增加了"影响"与"驱动力"两个指标，提出了 D-P-S-I-R 评价框架。1994 年武雅坤利用污染物排放指标评价法，测算了本溪县社会经济发展对生态环境造成的影响。2000 年袁建军等利用环境质量评价体系，研究了社会经济发展对泉州沿岸的生态环境的影响，并提出了相应的治理对策。毛汉英、余丹林利用三维状态空间评价指标体系对社会-经济-自然复合生态系统进行了研究。

（4）系统模型法：Forrester（1978）提出系统动力学模型，该模型能有效处理高阶次、复杂、多变、非线性的系统问题。1999 年王红瑞和蔡越虹（1999）利用多元统计分析法对全国范围内 28 个省份的人口、消费情况、经济发展现状对生态环境造成的一系列影响进行了系统的分析和评估。余洁等（2003）基于 GIS 和 SD 方法，模拟预测了四川省温江县、郫县和都江堰市社会经济发展与生态环境的相互关系及动态变化。此外还有一些可以对生态环境质量做出综合评价的方法，如朱晓华等在评价徐州生态环境质量时应用的层次分析法；李祚泳等在生态环境质量评价中使用的人工神经网络 BP 模型等。上述方法虽然比较全面的考虑了多个变量，但是计算却较为冗杂，最后的结果也存在一定误差。

综上所述，以上这些方法无疑对经济发展与生态环境相互关系之间的研究做出了积极的贡献，但由于选取的案例和研究方法的不同，使得或在结果表达的直观性、或在计算过程的便捷性、或在经济压力的表达和测度的准确性等方面仍存在一定不足。在此基础上，北京大学的徐福留等提出了生态环境压力指数法，该方法不仅能直观地反映社会经济发展对生态环境产生压力的大小、压力构成特点及压力变化趋势，且被认为具有较强的综合性和实用性。但是由于不同研究区域在社会经济发展及产业结构特征方面存在差异，而原模型在指标选取及权重确定方面（经验法和专家咨询法）过于单一，且没有充分考虑区域本底承载力因素，宋静等在后续研究中对该方法进行了相应改进。

此外，虽然以上这些方法对定量评价生态环境压力做出了积极的探索，但在综合评价中，常常不仅要了解被评价对象的排序情况，更需要进一步掌握被评价对象的速度变化情况，而目前针对生态环境压力的速度变化，尤其是压力加速度特征变化的描述极为罕见，众所周知，加速度的变化会直接影响压力的状态、趋势和大小。鉴于此，需要一种方法来解决无法描述生态环境压力变化加速度特征的问题。

3.3 资源环境承载力评价指标体系研究方法

生态承载力研究是生态环境规划和实现区域社会经济可持续发展的前提，其研究方法目前由定性分析走向动态定量评价：定性分析主要是通过详尽的描述与描绘来获取状态及过程，得出的结果和结论相对概括与抽象，虽然也能反映出状态及过程的细节，但无法满足精确研究的要求；定量分析主要通过获取生态状态的存量、速度及稳定等方面的数量特征，对承载力进行精确的估算。对承载力的量化研究，实质上就是对资源环境承载力值进行计算和分析，并提出相应的保持或提高的方法与措施。然而，目前对环境承载力科学性和普遍性的量化研究仍未有突破性进展，仍未形成公认的资源环境承载力评价指标体系，人们一般是针对某一具体的区域或对某环境要素来进行承载力的量化研究。

在资源环境承载力的研究中评价指标体系的构建是一项技术性很强的工作，是推进区域资源环境承载力系统运用于实践的路径体现。目前，国内对于资源环境承载力评价指标体系的研究较少，许多研究中指标体系的构建方法未能进行详细的说明，这大大降低了指标体系的可信度以及推广价值，因此如何进行指标选取、构建合理的指标体系一直是困扰承载力评价的瓶颈之一。目前，指标体系的构建主要有两种思路，一种是从系统论的思想出发，根据评价系统所包含的要素来建立模型，如把整个评价系统分为资源、环境、经济、社会四大系统，以子系统进行指标的选择。另一种是基于构建模型的方法，其中应用较多的指标构建模型有压力-状态-响应（PSR）模型、驱动力-状态-响应（DSR）模型，以及在两者基础上发展起来的驱动力-压力-状态-影响-响应（DPSIR）模型等，下面分别对这三种常用的模型加以概述（刘育平和侯华丽，2009）。

3.3.1 PSR 模型

"压力-状态-响应"框架最早是经济合作组织为了评价世界环境状况提出的评价模式。其基本思路是人类活动给环境和自然资源施加压力，结果改变了环境质量与自然资源质量；社会通过环境、经济、土地等政策、决策或管理措施对这些变化发生响应，减缓由于人类活动对环境的压力、维持环境健康。框架从总体上反映了矿产资源与人口、社会、经济、环境之间的相互制约的关系（郭旭东等，2005）。

1）压力 *P*——来自于以下几点：人口增长引起环境承载力下降，资源粗放开发与利用造成了以高消耗、高污染和高排放为代价的环境污染与恶化问题。

2）状态 S——问题主要是：低效率的资源开发利用方式和不合理的经济结构。

3）响应 R——国家制定的相关决策：适宜的可持续的人口、资源与环境管理决策的应用，对系统响应的实时动态监测结果。

PSR 框架模式是在构建环境指标时发展起来的，对于环境类指标，它能突出环境受到的压力和环境退化之间的因果联系，从而通过政策手段（如减轻环境受到的压力措施）来维持环境质量，因而与可持续的环境目标密切相关（徐中民等，2003）。

3.3.2 DSR 模型

DSR 模型最初是在 1996 年的 OECD 和 UN 的环境政策和报告中发展起来的。该框架包括驱动力指标、状态指标、响应指标三种指标。这里，PSR 模型中的压力指标被驱动力指标所取代。因为考虑人类活动、过程和形式对可持续发展的影响以这种形式表达效果会更好。在 DSR 模型中，驱动力指标用以表征那些造成发展不可持续的人类活动、消费模式和经济系统的因素状态指标用以反映可持续发展过程中系统的状态响应指标用以表明人类为促进可持续发展进程所采取的对策（曹琦等，2012）。

基于 DSR 模型建立的指标体系涵盖了社会、经济、环境三个系统的内容，弥补了 DSR 模型在反映社会经济指标方面的不足。指标间逻辑性强，充分体现了环境在可持续发展进程中的重要作用，特别突出了环境受到威胁与环境破坏和退化之间的因果关系，更好地反映了经济、环境、资源之间的相互依存、相互制约的关系。模型不足之处在于环境指标所占比例过大，用于衡量和评价区域可持续发展带有片面性，而且有些指标的归属存在很大的模糊性，是属于驱动力指标、状态指标还是响应指标，界定不是很明晰和合理，表明该指标体系也存在缺陷（高波，2007）。

在 PSR 模型和 DSR 模型的基础上，各种修正模型相继提出。20 世纪 90 年代初，澳大利亚对模型增加了当前社会技术水平下人类改造环境系统的潜力指标，提出了"压力-状态-响应-潜力"，即 PSRP 模型。同时还提出了"评价-调整-诊断-改变"模型，即"评价"环境状况对可持续发展的压力，"调整"响应策略，并"诊断"响应策略的有效性和改变的必要性，最后"改变"当前系统为一个更持续的系统。从最初的概念模型，到今天的概念 DPSIR 模型，这中间的发展过程既反映了研究方法的不断创新，更反映了人们认识问题的逐渐深入（于伯华和吕昌河，2004）。

3.3.3 DPSIR 模型

DPSIR 模型是欧洲环境局综合 PSR 模型和 DSR 模型的优点而建立起来的解决环境问题的管理模型，已逐渐成为判定环境状态和环境问题因果关系的有效工具。在 DPSIR 概念模型中，"驱动力"是引发环境变化的潜在原因，如区域的社会经济活动和产业的发展趋势；"压力"是指人类活动对自然环境的影响，是环境的直接压力因子，主要表现为资源能源的消耗强度和废物排放强度；"状态"是指环境在上述压力下所处的状况，主要表现为区域的生态环境污染水平；"影响"是指系统所处的状态对人类健康和社会经济结构的影响，"响应"过程表明人类在促进可持续发展进程中所采取的对策和制定的积极政策，如提高资源利用效率、减少污染、增加投资等措施。近年来，DPSIR 模型在我国水资源可持续利用、环境管理能力分析、农业可持续发展、水土保持效益等方面得到了一定的尝试性应用，这些研究表明，DPSIR 模型强调经济运作及其对环境影响之间的联系，具有综合性、系统性、整体性、灵活性等特点，能解释环境与经济的因果关系并有效地整合资源、发展、环境与人类健康（于伯华和吕昌河，2004）。

3.4 中国重要生态功能区资源环境承载力评价指标研究方法

资源环境承载力评价研究的要素识别分析显示，评价关注的主要目标包括区域生态系统本身的结构和功能维持健康发展目标和区域社会经济可持续发展目标，其中生态系统是资源环境承载力的承载本体，从整体资源环境承载力综合评价来看，是承载的基础起到支撑的作用，社会经济是资源环境承载力的承载对象，随着区域发展的不停变动，这些变化对生态系统施加了不同程度的影响，从整体资源环境生态系统承载力综合评价来看，是承载的对象起到反向压力的作用。

本书对资源环境承载力的研究不仅是对人地系统自身承载状况的定量化，更应注重判断人类社会与生态系统协调与否。故构建在生态文明视野下的 E-PSR（ecocivilization-pressure-state-respone）概念模型来阐述说明资源环境承载力。如图 3-1 所示，在生态文明（E）视野下，将资源环境承载力评价划分为两个子系统，即表征生态系统的生态支撑力（S）和反映经济社会系统的社会经济压力（P）。生态系统内部的自然驱动、生态结构和生态功能描述生态系统的物质循环和能量流动，起到资源环境承载力的支撑作用（R）；社会经济方面作为生态系统的外部干扰，其资源能源消耗和环境污染对生态系统健康产生压力，发挥资源环境承载力的压力作用（R）。支撑作用和压力作用所产生的决定作用对资源环境承载力产生最终响应，影响自然-社会-经济复杂系统是否能在可持续性通道运动。重要生态功能区资源环境承载力评价指标体系构建技术流程如图 3-2 所示。

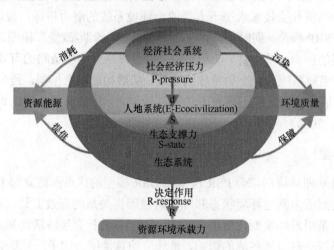

图 3-1　E-PSR 模型图解

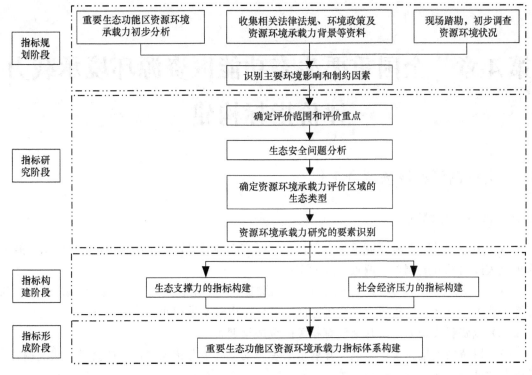

图 3-2 重要生态功能区资源环境承载力评价指标体系构建技术流程图

第4章　全国重要生态功能区资源环境承载力评价指标构建

4.1　资料调研和现场调查工作

4.1.1　调查总体情况

以"生态型地区资源环境承载力评价指标研究"项目界定的全国23个重要生态功能区为重点关注对象开展调查。调查方式如下：

（1）以国内外学术网站文献查阅为主，围绕资源环境承载力内涵和评价方法，以及资源环境承载力指标体系构建研究进展等方面，开展国内外文献调研。

（2）以资料收集为主，开展已有相关研究成果调查。

（3）以资料收集、统计为主，开展重要生态功能区生态状况调查、社会经济状况调查、基础图件调查等。

（4）综合采取现场调查、资料收集方式，开展重要生态功能区主要生态问题及社会经济发展模式调查。

总体上，2010～2014年，作者围绕重要生态功能区资源环境承载力评价研究需求，开展了大量野外调查、室内评估及研究工作。统计显示，收集了全国各省份2010年的社会经济、污染排放、气象水文及土地利用数据等相关资料；开展了重要生态功能区生态问题及社会经济发展模式现场调查，根据本项目组界定的全国23个重要生态功能区，完成现场调查的重要生态功能区占14个，完成率达61%。

4.1.2　重要生态功能区生态状况调查

1）资料收集

（1）重要生态功能区气象数据，包括气象站点经纬度信息、降水量、平均气温、蒸散发统计整理。

（2）重要生态功能区地形数据，包括平均海拔高度统计。

（3）2010年全国土地利用数据。

2）现场调查

针对界定的23个重要生态功能区的区域生态概况，2010～2014年开展了研究区生态问题识别，对于不同重要生态功能区其存在的生态演替过程也各不相同，其发展过程既是自然因素的自然演化又有人为活动的干扰，生态演替不但与自然环境背景密切相关，又在发展过程中突显各样的生态问题，并对人类环境和发展有重要影响。所以，究竟选择哪些指标来说明不同重要生态功能区的生态特点和其生态支撑状态，是现场调查的重点对象。调查特点显著和典型的重要生态功能区；调查指标根据其主要生态问题和主导生态服务功能而制定。具体调查区域如下：

（1）2011 年调查大小兴安岭生物多样性保护重要区；内蒙古东部草原防风固沙重要区；长江中下游生物多样性保护重要区。

（2）2012 年调查南岭地区水源涵养重要区；浙闽赣交界山地生物多样性保护重要区；西北防风固沙重要区；黄土高原水土保持重要区；川滇生物多样性保护重要区。

（3）2013 年调查豫鄂皖交界山地水源涵养重要区；祁连山地水源涵养重要区；青藏高原水源涵养重要区；川贵滇水土保持重要区。

（4）2014 年调查南岭地区水源涵养重要区；武陵山区生物多样性保护重要区。

4.1.3　重要生态功能区社会经济状况调查

以资料收集、统计为主，结合重要生态功能区现场勘查、现场调研，完成了以下内容的调查：

社会经济指标框架分为描述资源消耗指数与污染排放指数的指标。考虑到区域承载力情况不同，为了便于横向比较均采用人均或单位面积相关量来表示区域的生态环境压力状态。资源消耗指数分为人口密度、能耗指数、水耗指数、城市化指数、旅游指数和人均耕地面积。污染排放指数分为单位耕地面积农肥施用量、单位面积生活污水排放量、单位面积工业废气排放量、单位面积工业废水排放量、单位面积二氧化硫排放量。评价数据主要来源于《中国统计年鉴》和《中国环境统计年鉴》。

4.1.4　重要生态功能区基础图件收集及解译分析

收集了示范区三峡水库、辽河流域有关 GIS 图件，开展了以下图件的数据解译与处理分析，为示范区系统分析与模型构建提供基础。①全国重要生态功能区数字高程图 1∶100000；②全国重要生态功能区坡度图；③全国省域和县域行政区划 GIS 图件；④全国 2005 年遥感影像图，并开展土地利用遥感影像解译；⑤全国重要生态功能区土壤类型分布图；⑥全国重要生态功能区土壤侵蚀分布图。

4.2　全国生态环境现状分析

4.2.1　研究区概况

我国地处亚洲东部，土地资源丰富，国土面积位居世界第三。内陆地形较为复杂，总体呈现阶梯状分布，西部地区海拔普遍较高，山地、高原面积广大。地形、经纬度等多方面因素致使内陆气候具有多样性。省级行政单位数量 34 个，其中包括 23 个省、5 个自治区、4个直辖市以及 2 个特别行政区（张俊，2012）。人口数量大、增长幅度较快以及多民族是我国人口的具体特征，虽然中国拥有广袤丰富的自然资源，但是由于人口基数的影响，导致人均资源占有量并不充足。为便于分析，本研究采用国家统计局的划分办法将研究区划分为区域（国家统计局在 2011 年基于不同区域的经济发展水平、地理环境因素、人文风俗等要素将我国分为西部、中部、东部、东北部四个区域）进行分别评述。

我国西部地区主要由 5 个自治区（内蒙古、广西、宁夏、西藏、新疆）、1 个直辖市（重庆）、6 个省（四川、贵州、云南、陕西、甘肃、青海）组成，人口总数约占全国人口的 26%，拥有较为丰富的土地资源，土地面积达到了全国土地总面积的七成以上，因此人均土地面积远远超过了东部、东北部以及中部地区，国内生产总值占全国的18.6%。西部地区南北纬度跨越约28°，东西经度横贯27°，深居内陆，拥有丰富的生物资源与矿产资源，自然资源与地理条件呈现丰富性、多样性与复杂性。由于受到区域、地理因素的影响，西部的生态系统具有多样化的特征，呈聚集分布，具有可开发性。西部地区是我国草地的主要分布地区，全国18类草地在西部地区均有不同程度的分布；水资源虽然丰富，但受时空影响，分布不均匀，呈现结构性短缺；地理形势较为复杂，其中青藏高原、黄土高原、云贵高原占据了该地区的绝大部分面积；柴达木盆地、塔里木盆地、准噶尔盆地和四川盆地的自然气候与环境的特征也促进了该地区的多样性。

我国中部地区由6个省构成，包括湖北、湖南、安徽、江西、山西及河南，人口总数约占全国总人口数量的25%，土地资源仅占全国总土地面积的1/10。中部地区相对西部地区而言经济较为发达，是我国重要的粮食生产基地与原料、能源的供应基地。粮食产量占全国的30%左右，而油料的产量更是达到了全国40%以上。中部地区拥有丰富的煤矿资源与其他矿石能源，承担了除石油与天然气之外，供应全国生产作业能源需求的主要责任，创造了丰富的矿产资源价值。资源上的丰富与资源利用率上的优势使得我国中部地区经济发展具有其他地区不可替代的优势，因此具有更大的发展前景，为推动我国社会经济的整体发展发挥了积极作用（傅春和詹莉群，2012）。近年来随着中部经济的加速发展，在一定程度上促进了东部与西部地区在经济上的交流，有效带动了西部经济的发展，因此中部地区在我国社会发展与综合国力增长的过程中占据着重要的位置。

我国东部地区包括北京、天津、上海3个直辖市，以及河北、江苏、浙江、山东、福建、广东、海南7个省。土地面积、人口和国内生产总值分别占全国的9.6%、37.4%和53.1%。东部地区地势较为平缓，农业具有一定的发展优势。丰富的海洋资源和矿产资源带动了该地区的发展。是我国城市分布最密集的地带，《2011年中国城市化率调查报告》表明，在各省份的城市化率排名中，排名前10位的有7个属于东部地区；东部地区的经济较为发达，无论是省会城市，还是地级市的城市化水平在全国范围内都排行前列，与中部地区、西部地区相比，城市发展的水平与总数都具有优势。东部地区属于我国早期开发地区，该地区的劳动者素质、生产技术水平、产业发展速度远超中西部地区，是我国经济发展的重点区域，发挥着引领作用（谭丹和黄贤金，2008）。

我国东北地区主要是指吉林、黑龙江、辽宁3个省。东北地区是我国工业发展较早的地区，曾经拥有丰富的自然资源，在工业体系、社会基础设施、农产品资源、生态环境、人才等方面具有一定的优势和很好的潜力。土地面积与人口都约占全国总量的8%左右，人均耕地面积较为充足。东北地区处于黄渤海北岸，鸭绿江、图们江、乌苏里江、黑龙江等水域流经此处，土壤多以黑土为主，水资源丰富。除了大小兴安岭、长白山等山地地形以外，还拥有辽阔的松辽大平原。东北地区的森林资源约占我国森林资源总量的30%以上，矿产资源也较为丰富多样，为当地及全国工农业发展提供了充足的能源。我国在21世纪对于东北地区的发展进行了重新规划，在一定程度上促进了发展，从而有效地减小了与东部地区的差距，仅仅10年东北地区的国民生产总值就有了飞跃性的提升，结构调整步伐加快，产业结构得到优化，传统优势产业不断壮大，高新技术和战略性新兴产业崛起，服务业规模不断扩大。

4.2.2 主要面临的生态环境压力

我国社会经济在改革开放以来得到飞速发展的同时，带动了社会各个方面的变化与矛盾的产生。当前，发展与生态环境之间的矛盾成为国家、政府、社会关注的焦点，人口数量激增、资源压力加大、生态环境破坏等一系列问题阻碍了我国经济社会的可持续发展，在一定程度上对社会稳定和人民群众身体健康也造成了严重影响。

1）人口压力

我国人口压力及其带来的社会矛盾自新中国成立以来一直存在。根据 2010 年人口普查统计结果，当时我国人口数量已经超过了 13.7 亿人，相比较 2000 年的普查结果，增长约 7000 万人，涨幅约为 5.8%左右。

人口数量的不断增加必然会带来人均资源使用的压力，人均水资源、人均土地面积和人均耕地面积基本呈逐年下降的态势。据 2011 年的统计结果显示，我国人均土地面积约为 0.71hm²，人均耕地面积不足 0.1hm²，与世界平均值存在着较大的差距（表 4-1）。另外在人均水资源方面甚至没有达到世界水平的 25%。我国多座城市（特别是西部地区）存在着严重的水资源缺乏现象，供水不足问题有待解决。由于发展的需要，对于森林资源进行了过度开发与破坏，人均森林面积只达到世界水平的 20%左右。

表 4-1　全国人均指标对比表

年份	人口密度 /（人/km²）	人均土地 面积/hm²	人均耕地 面积/hm²	人均水资 源量/m³	人均用 水量/m³	人均森林 面积/hm²	人均能源生 产量/（kJ/kg）	人均能源 消费量/kg
2002	134	0.75	0.098	2207	429	—	1177	1026
2003	137	0.74	0.096	213	412	—	1272	1187
2004	135	0.74	0.094	1856	428	—	1517	1386
2005	136	0.73	0.093	2151	432	0.13	1658	1075
2006	137	0.73	0.093	1932	442	0.13	1771	1153
2007	138	0.73	0.092	1916	442	0.13	1876	1379
2008	138	0.72	0.092	2071	446	0.15	1972	—
2009	139	0.72	0.091	1816	448	0.15	2063	—
2010	140	0.72	0.091	2310	450	0.15	2220	2423
2011	140	0.71	0.09	1730	454	0.15	2377	2589

2）资源压力

2013 年联合国环境署《中国资源效率：经济学与展望》中指出，中国作为世界上最大的原材料消费国，环境压力强烈，若不改善当前的资源效率，环境压力或将快速增加。2014年英国石油公司《世界能源统计年鉴 2014》显示，中国仍然是世界上最大的能源消费国，超过全球消费量的 20%。同时，气候变化导致全球淡水生态系统遭到破坏，人类可利用的淡水资源也会不断减少，我国将面临严重的水资源短缺问题。

随着我国工业化发展进程的加快，对于矿产资源的需求量也在不断增加。根据国家发展和改革委员会能源研究所分析预计，我国在 2020 年对于一次能源的需求将超过 25 亿 t 标准煤，2050 年若达到中等发达国家水平，一次能源的需求将翻倍。能源需求与经济发展将面临更大矛盾。

我国从 1949 年至今对于森林资源的砍伐面积已经达到了百亿米³以上，这种过度的开发不仅造成我国森林面积的不断减少，也造成了西部地区出现干旱与半干旱现象，森林覆盖面积不断减少，多数土壤出现退化，整个生态系统遭到严重破坏。据悉目前我国约有 90%以上的草地生态系统出现了不同程度的退化现象，其中以中等退化现象居多。而草地面积退化、沙化、碱化的总量已经达到了 1.3 亿 km^2 以上，且有不断扩大的趋势（张巧显和柯兵等，2010）。我国西部地区在 2000 年以后的 10 年间，约 400 万 hm^2 草地消失。

荒漠化也是生态环境中需要注意的问题之一。据调查研究结果显示，我国目前荒漠化土地的总面积已经达到了 260 万 km^2，全国约有 1/3 的人口受此影响。水土流失的严重不仅表现在量上，更表现在范围上，目前我国约有 350 万 km^2 的水土流失，主因是水力侵蚀（约损耗 165 万 km^2）、风力侵蚀（约损耗 191 万 km^2）。我国长江流域、黄河流域以及黄土高原地区的土壤流失十分严重，据统计长江上游每年土壤流失量约占整条流域总量的65%，而长江流域年土壤流失量高达 24 亿 t，约占我国全年土壤流失总量的 50%。另外，黄河流域与黄土高原地区土壤损耗约为每年 16 亿 t，面积达到了 360 万 km^2 以上，每年流失的泥沙约 50 亿 t（吕红，2010）。

3）环境污染

中国首部关于环境保护的绿皮书《2005 年：中国的环境危局与突围》中对于我国环境的现状进行了总结与分析，指出生态环境污染的严重性，强调我国生态环境已经进入了高危阶段，虽然投入了大量的人才与资金，但是问题难以根治。环保部《2013 中国环境状况公报》也指出，虽然我国在环保事业上取得了一定的进展，但是在大气、水以及土壤等方面环保形势不容乐观。

在大气污染方面，2013 年末我国中东部地区出现连续雾霾天气，雾霾污染范围遍及北京、安徽、上海、河北、天津等多个地区与城市，污染级别达到了 VI 级，主要污染物为 $PM_{2.5}$，中东部城市的生态居住环境质量大幅度降低，北京、天津及河北区域成为全球污染最为严重的地区之一（庄绪亮等，2007）。在我国东北地区，冬季采暖期所造成的空气污染以及春季风沙扬尘的污染也较为严重。

在水污染方面，部分城市河段污染严重，上下游水体污染、跨界污染等事件时有发生。例如，在太湖曾爆发蓝藻污染，导致无锡当地居民生活用水被严重污染。山西省 2004 年地表水环境质量达不到功能要求的河段占到全省监控河段总长的 85%以上，水土流失面积达10.92 万 km^2，占全省总面积的 70%（傅春和姜哲，2007）；山西省水资源每年受到污染的体积约为 14 亿 m^3，超过引黄入晋的总体水量；长期的采矿作业严重毁坏当地的水资源系统。河南省省辖的长江流域、湖北辖内的长江和汉江支流都有不同程度的中、重度污染。安徽巢湖水域、湖南洞庭湖水域、江西鄱阳湖南部水域的水质污染等级都达到了 IV 级以上（傅春和姜哲，2007）。渤海海域近岸污染加重，遭受污染的面积 1992 年不足 26%，2002 年达到 42%，80%污染物来自陆上污染源，赤潮面积逐年增大。

在土地污染方面，耕地土壤受到的破坏最为严重，甚至已经出现了区域性退化的现象。目前我国每年耕地面积减少约为 8 万 hm^2 左右，全国已有约 3 亿 hm^2 的土壤受到严重污染，总比例达到了 30%以上。在西部地区，对土壤产生危害的主要因素为重金属。西部地区生态脆弱，资源型重工业设置结构不合理，由重金属引起的疾病和环境公害事件已经相当普遍，如甘肃省徽县曾经出现的儿童血铅超标事件（马晓媛，2008）。在广东省，土壤生态被破坏的主要表现形式为水土流失，据统计广东省 2000 年水土流失的总面积达到了 1986 年统计数值的 1.8 倍，约为 143 万 hm^2。其中中度与强度水力侵蚀面积的增长比例为 53% 与 35%，而极强度与剧烈侵蚀损耗面积更是成多倍增长。由于土地污染导致的"镉大米""毒蔬菜"等食品安全问题层出不穷。以湖南为例，《湖南省第二次土地调查主要数据成果》显示，长株潭地区、湘南地区有部分耕地受到中、重度污染，不宜耕种；研究人员在湖南抽取了 112 份大米样品和稻谷样本，其中镉含量符合国家标准的只占 60% 左右。东北地区原有的黑土层已经损耗了 50% 以上，且损耗幅度每年仍在增长，黑土资源危在旦夕（孙彬和管建涛，2012）。同时，东北地区土地荒漠化情况日益严重，重点表现为土地沙漠化与盐碱化。其中吉林省水土流失总面积达到了吉林省总面积的 20% 左右，约为 315 万 hm^2。另外，我国西部的草原面积近年来也在不断缩减，盐碱化及沙化面积不断扩大，总体情况不容乐观。

在固体废弃物污染方面，2010 年西部地区的排放量达到全国总量的 80% 以上，平均固体废弃物存储量指数为 69，显著低于全国该指数的平均值 116，固体废弃物综合利用水平明显偏低。中部及东部地区的矿产开采对当地土地的损害面积也在不断扩大，据统计，山西省在采煤过程中对于土地破坏的面积达到了 11 万 km^2 以上，长期堆放在采煤区的矸石山也造成空气中的扬尘与有毒气体含量增长。我国东北地区部分城市在矿产资源开发的过程中同样面临着生态环境破坏严重的问题，据统计东北地区年剥离岩土的总量在 2.5 亿 t 左右，大量的山林、农田被作为露天的矿坑或者堆土场，且面积还在不断增加。

4.2.3 环境压力的主要诱因

我国虽然幅员辽阔，物产丰富，但是就地区和人均而言，却是资源缺乏、环境压力巨大，从某种方面来说已经严重制约了我国经济社会的快速发展。改革开放以来，我国综合国力显著提升，但经济迅速发展带来的负面影响是环境愈发恶劣，污染形式多种多样，并且呈现不断上升的趋势。

我国虽然有广阔的消费市场，但一直是低水平、高污染、高能耗、以要素投入为主的粗放型发展方式，产业模式落后，经济水平尚处于国际产业分工的低端。同时，一段时期内，我国过分强调经济的发展，特别是一些地方过分追求 GDP 的增长速度，以 GDP 论英雄，法制建设不健全，市场机制不完备，经济发展与环境保护得不到统筹协调（杨朝飞，2012）。

我国在环境问题上付出沉重代价的重要原因之一就是民众的环保意识普遍淡薄。近年来虽然有所提升，但大多数民众只关注眼前利益，缺乏长远考虑。同时，政府有关部门在教育引导工作方面欠缺，使得民众大多数没有形成环境保护的意识，对自然资源的浪费和环境污染现象表现淡漠。中国人民大学社会学专业在 2008 年进行的全民环保意识抽样调查结果（满分 100 分）显示，大中城市民众环保意识在 60 分以上的还不足 15%（凌莉岩，2013）。

此外，我国的环保法规体系不够完善，法律执行存在较大漏洞，导致环保违法成本过低，不能对恶性环保事件形成有效的警示与遏制。

综合来讲，导致环境问题的成因是多种因素交织叠加的结果。要想解决环境问题，也需要各方面的协同配合共同努力。

4.3 指标调研分析

国内外有关学者从区域水资源、土地资源、湿地、农业等不同角度、针对不同研究对象提出了一系列相关评价指标。梳理有关学者对于承载力和环境安全指标体系的典型研究，将其作为重要生态功能区资源环境承载力评价备选指标的参考和借鉴（表 4-2）。

表 4-2　针对不同研究对象的承载力评价指标体系

研究对象	研究学者	指标体系
水环境	周劲松等	清洁饮水指数、水体生态干扰指数、水资源紧缺指数、水环境质量指数、水污染纠纷指数、社会用水指数、经济用水指数、节水指数、水污染治理指数、水环境管理指数
水库水环境	郭树宏等	水土流失面积比、人均耕地、人均活立木蓄积量、人均水资源量、化肥施用量、农药使用量、农药残留量、人口密度、人均财政收入、森林覆盖率、工业用水量、农业用水量、生活用水量、BOD$_5$、COD$_{Mn}$、TP、TN、文盲和半文盲人数比、农民人均纯收入、经济密度、受保护土地比例、科教投入占 GDP 比例、人均固定资产投资、第三产业比例、人均 GDP
流域水环境	张向晖等	人口数量、经济发展、社会进步、温度变化、降水变化、人-地结构安全、地-结构安全、土地生产功能、水资源供给功能、环境承载功能、环境调节功能、生物多样性保护功能、人口发展响应、经济发展响应、社会进步响应、结构安全响应、功能安全响应
河流流域	王根绪等	水环境、土壤环境、植被生态、社会经济环境
水资源	何焰等	状态系统指标（地表水资源供水量、地下水开采淡水资源量等）、压力系统指标（年末人口、耕地面积、总用水量、工业废水排放量、生活污水排放量、人均年用水量等）、响应系统指标（用于基本建设的固定资产投资、环保投资占国内生产总值比例、工业废水排放达标率等）
土地资源	刘勇等	土地自然水环境安全系统（土地自然资源数量、质量）、土地经济水环境安全系统（土地经济投入数量、土地经济产出质量）、土地社会水环境安全系统（人口数量承载指数、土地整治能力指数）
城市水环境	谢花林	资源环境压力（人口压力、土地压力、水资源压力、社会经济发展压力）、资源环境状态（资源质量、环境质量）、人文环境响应（治理能力、投入能力）
绿洲水环境	杜巧玲等	水安全（水量安全、水质安全、潜水位安全）、土地安全（耕地安全、草地安全、林地安全、绿洲稳定性）、经济社会安全（经济安全、社会安全）
农业	吴国庆	资源生态环境压力（人口压力、土地压力、水资源压力、污染物负荷）、资源生态环境质量（资源质量、生态环境质量）、资源生态环境保护整治及建设能力（投入能力、科技能力）
湿地	张峥	多样性、代表性、稀有性、自然性、稳定性和人类威胁
旅游地	董雪旺	生态环境压力（人口压力、土地压力、水资源压力、污染物负荷、旅游资源压力）、生态环境质量（旅游环境质量、旅游生态质量）、生态环境保护整治及建设能力（投入能力、科技能力）
荒漠化地区	周金星等	土壤养分（有机质含量）、植被状况（林地覆盖率、草地覆盖率）、水分条件（降水量）、地表抗蚀性
生态脆弱区	杨冬梅等	自然环境状态（年降水量、年均风速、林地所占比例、牧草地所占比例、沙地所占比例）、人文环境状态（人口自然增长率、人均 GDP、恩格尔系数、财政收入）、环境污染压力（年末存栏牲畜数、环境污染压力、化肥施用量、农用薄膜、农药残留、工业废水排放量、工业废气排放量、工业固体废弃物排放量）、环境保护及建设能力（农村劳动力受教育程度、废弃地利用面积、退耕还林还草面积、工业废水达标量、当年造林面积、工业固体废弃物处置量）

4.4　备选指标库构建

围绕 P（压力）-S（状态）-R（响应）概念框架，研究重要生态功能区资源环境承载力的指标体系。指标层筛选遵循科学性、系统性、独立性、可度量性的和数据来源有保障性原则，详细内容如下。

1）科学性

即指标的选择、指标权重系数的确定，数据的选取、计算与合成要客观、科学，充分、客观地反映重要生态功能区资源环境承载力的现状，克服因人而异的主观因素的影响。

2）系统性

评价指标不仅要反映生态系统本身的状态和服务功能，而且还要反映人类社会经济发展对生态系统中能源消耗和环境污染产生的压力，即生态系统与社会经济系统的整体性和协调性。

3）独立性

各评价指标应相互独立，相关性小。

4）可度量性

评价指标应有明确的内涵和可度量性，具有区域间、时间上的可比性。

5）数据来源有保障性

指标选择应围绕我国国土资源规划管理和资源环境承载力评价的实际需要，评价指标应操作简便、指标值的数据信息收集较为方便。

按照上述原则要求，参照和借鉴以往研究基础，构建基于 E-PSR 框架的重要生态功能区资源环境承载力指标体系（表 4-3），明晰不同层次指标的涵义。指标体系按照目标层、准则层、要素层、指标层设置，将目标层设为重要生态功能区资源环境承载力，准则层从生态支撑力系统和社会经济压力系统两个角度体现承载力主体和承载力对象，并将 PSR 概念模型分解应用在要素层和指标层。其中要素层和指标层是指标体系概念框架的核心体现；突出了体现资源环境承载主体的生态系统的自然驱动、生态结构和生态功能的 3 个重要组成部分，以及资源环境承载对象的社会经济系统的资源能源消耗和环境污染两个方面，认为生态支撑力系统是资源环境承载力的充分必要条件，社会经济压力是资源环境承载力的重要责任体现；考虑了生态系统与社会经济系统的高度关联性，既从自然驱动、生态结构和服务功能等状态和响应角度分析资源环境承载力主体，又从资源环境消耗和环境污染等压力和响应角度分析资源环境承载对象对资源环境承载力的影响。

表 4-3　基于 ES 框架的重要生态功能区资源环境承载力评价指标库汇总

目标层	准则层	要素层	指标层
资源环境承载力	生态支撑力	自然驱动因子	降水量、年均温、平均海拔
		生态结构因子	景观破碎度、草地物种多样性、NDVI、沙地面积比率、沙漠化面积及盐渍化面积比例、沙漠化及盐渍化增加率、植被覆盖率、植被退化率、耕地退化率、草地退化率、湿地比例、生物丰度指数、Shannon 多样性指数、Shannon 均匀度指数、叶面积指数、森林覆盖度、森林郁闭度
		生态功能因子	NPP（第一性生产力）、CFOR（草原固碳吐氧能力）、草原涵养水源能力、土壤侵蚀度指数、空气质量指数、水体纳污能力、年水资源量更新率、土壤抗蚀性、水源涵养能力、盐渍化脆弱性
	社会经济压力	基础指标	人口密度、人均水资源量、人均耕地面积、GDP、水资源量、用电量、总人口、人均 GDP、工业总产值、专业技术人数、三产比例
		资源能源消耗	人均工业产值、耕地面积比、城镇化率、单位草地面积载畜量、万元 GDP 能耗、单位 GDP 需水量、人均草地面积、单位面积载畜量、载畜量增长率、水资源开发利用率、土地退化比例、土地城市化比例
		环境污染	单位耕地面积化肥施用量、生活污水排放量、单位 GDP 工业三废排放量、化肥施用量、工业烟尘排放量、工业废水排放量

指标层中部分推荐指标依据重要生态功能区典型特征予以设计。指标层在实际应用过程中允许根据具体情况完善和调整。

4.5 指标优选分析

4.5.1 指标初步筛选

本研究中评估指标的初步筛选主要按照指标指示性、数据可得性、指标可比性、指标独立性的原则，同时兼顾优先关注问题对指标初选进行考虑。

1）指标指示性

指标的指示性要求该指标本身对评价目标层、准则层、要素层能够给予准确表征和指示，对评价目标方案的核心需求给予有效地反映，并能够有效体现和结合评价对象的实际特征与问题。

指标的指示性是选择并纳入指标体系的基本要求。以 ES 概念框架的问题分析为依据，ES 概念框架中提出的指标库中的指标作为备选指标，结合专家咨询判断，对备选指标的指示性进行评分和比选。

根据比选结果，将优选的指标作为进一步开展指标数据可得性分析、数据可比性分析的推荐指标。

2）数据可得性

数据可得性要求该指标的数据信息能够获得，指标值可以确定。一般研究数据主要来自依托相关基金项目开展的地质勘探现场调查、资料收集。除调查数据外，部分资料和信息可以由公开出版物、公开网站获得，大部分社会经济数据从《社会经济统计年鉴》获得。

经过调查数据获取、公开数据获取。其中社会经济数据中的资源能源消耗和环境污染要素中的指标大部分是根据基础指标计算获得，考虑到计算过程所涉及的指标因子较易获得，计算方法较为方便成熟，且纳入综合指数计算的指标因子可以根据研究区实际研究进行灵活选取，因而认为上述综合性指标数据可得性较好。生态支撑力准则层生态功能因子要素层的水体纳污能力是指区域环境最大自净能力下，所能够容纳的最大污染物的量。是依据水域的环境功能区划，在充分利用其环境容量的基础上水域能够承纳污染物的能力。从指标释义来看，此指标有很明确的生态功能指示性，但是，水体纳污能力需有多年多断面水质监测数据可得，且计算过程相对复杂，计算模型中的多项参数需要日常和定期环境监测工作，如果所获取的相关数据不足以完成水体纳污能力指标的计算，可以在数据可获取性原则中把水体纳污能力指标筛选掉。

3）指标可比性

指标可比性要求该指标有明确的内涵和可度量性，具有空间区域上的可比性和时间上的可比性。经过资料对比和综合分析判断，备选指标的数据可比性分析结果如表4-4所示。其中，沙漠化面积及盐渍化面积比例、草地退化率、湿地比例、人均草地面积、单位面积载畜量、载畜量增长率这些指标对区域的生态类型针对性强，不适合普适性重要生态功能区资源环境承载力指标体系构建。例如，有些区域不存在沙漠化或者没有湿地，那么就无法评价沙漠化面积及盐渍化面积比例和湿地比例这两个指标。其余大多数指标均具有较为明确的内涵、可以计算度量，并能够在时间上、空间上进行指标的对比。

4）优先关注问题对指标的优选

与指标指示性、数据可得性、数据可比性筛选淘汰性质不同，优先关注问题的优选指

表 4-4　全国重要生态功能区资源环境承载力评价备选指标初步筛选

目标层	准则层	要素层	指标层
资源环境承载力	生态支撑力	自然驱动因子	降水量、年均温、平均海拔
		生态结构因子	景观破碎度、草地物种多样性、NDVI、沙漠化面积及盐渍化面积比例、植被覆盖率、草地退化率、湿地比例、生物丰度指数、Shannon多样性指数、叶面积指数、森林覆盖度、森林郁闭度
		生态功能因子	NPP（第一性生产力）、CFOR（草原固碳吐氧能力）、草原涵养水源能力、土壤侵蚀度指数、水体纳污能力、年水资源量更新率、土壤抗蚀性、水源涵养能力、盐渍化脆弱性
	社会经济压力	资源能源消耗	人口密度、人均工业产值、耕地面积比、城镇化率、单位草地面积载畜量、万元GDP能耗、单位GDP需水量、能耗指数、水耗指数、人均草地面积、单位面积载畜量、载畜量增长率、水资源开发利用率、土地退化比例、土地城市化比例、旅游指数、人均耕地面积
		环境污染	单位耕地面积化肥施用量、单位面积生活污水排放量、单位面积工业三废排放量

标需要尽可能纳入指标体系，但指标体系可以涵盖和多于优先关注问题优选指标。例如，生态支撑力准则层中，必须考虑能够维持生态系统正常运转的自然驱动因子，社会经济压力准则层能源资源消耗要素层中，必须考虑涵盖水耗指数、能耗指数，环境污染要素层中，必须考虑三废排放量和生活污水排放量指数。其他指数可在优选指数的基础上，根据需要调整。

5）指标独立性

根据以上备选指标进行比选的结果，得到新一轮筛选的备选指标，将其作为指标独立性分析的基础指标库。

指标独立性要求各评价指标应相互独立、相关性小。独立性分析目前较多采用数理统计学上的相关性分析法，即基于各指标所获取的大量数据，来进行相关系数计算，识别相关性。

考虑到上述梳理统计方法仅反映数字本身的相关性，并非反映数据因果关系原理的相关性。而本轮筛选的备选指标已然较为精简，大量指标数据的计算获取较为复杂且难以较好匹配，据此，可采取主要指标内涵所反映的因果关系进行独立性分析。

4.5.2　指标深度筛选

指标的深度筛选是按照综合评价方法进行的筛选。综合评价方法从比较常用的评分评价、主成分分析、层次分析、灰色相关度分析，到近年来兴起的数据包络分析、人工神经网络等（姜晓鹏，2007）日趋成熟和完善，评价方法不再单纯针对某一项指标进行评价，开始向多元化、科学化、系统化的方向发展。

综合评价是一个范围广、内容深的体系（图 4-1）（曾五一等，1999），其主要的评价步骤可归纳为以下几点：①确定评价目的；②建立评价指标体系；③选择评价方法与模型；④实施综合评价；⑤要对评价结果进行检验并进行分析整理，归纳探究。

不同的研究对象有不同的综合评价体系，尽管各种评价体系各有不同，但分析归纳各种体系，仍可以找到一些固定的程序（尹贻林和刘云龙，1996）：

（1）应用 Delphi 法、头脑风暴法等各种方式，尽可能多的找出会影响评价结果的因素；

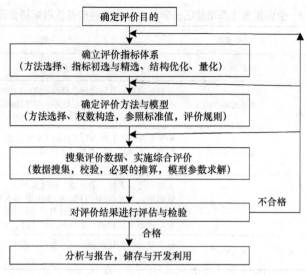

图 4-1　重要生态功能区多指标综合评价流程

（2）用多目标多属性决策模型、或采用专家评分法、或 Delphi 法进行筛选，找出重要性较高的指标；

（3）对评价体系中的各项指标进行权重分析，判断各个指标对评价结果的影响程度。

在实际的评价研究和项目实践过程中，我们发现指标体系的构建中最难确定的往往是如何从海量的评价指标中根据相关原则筛选出客观、可行、有操作性且内容精炼的指标（陈衍泰等，2004）。目前，可参考的主要精简方法可以分为以下两大类：有统计数据的可量化指标一般采用条件广义方差极小法、极大不相关法、选取典型指标法等（李随成等，2001）；而在无统计数据或数据不全的情况下，可采用粗糙集法。以生态环境压力定量研究为例，能对生态环境造成影响的人文因素有许多，在这些因素里如何界定它们的影响程度是非常主观的工作，为使研究科学严谨客观，就要在选取研究指标前，首先进行一级筛选，利用粗糙集方法从大量前人研究涉及的评价指标中进行相关指标的筛选，然后再进一步进行二级筛选，从指标的必要度、获取难度、独立程度等三个方面构建筛选评分体系，通过评分系统，最终得到研究用相关指标。粗糙集筛选法针对的指标集为表 4-4 所涉及的指标。

1. 深度一级筛选

当需要对新建的系统进行评估或是得到的数据资料被限制时，都可通过粗糙集法来实现对大指标集的约减。

将原始指标集 X 与约简指标集 X' 之间存在的粗糙集关系 R，对于指标 x_i 可以通过公式 $[t_{X'}(x_i), 1-f_{X'}(x_i)]$ 来计算其重要性，$t_{X'}(x_i)$ 表示 x_i 隶属于约简指标集 X' 的真值；$f_{X'}(x_i)$ 表示 x_i 隶属于约简指标集 X' 的假值；$0 \leqslant t_{X'}(x_i) + f_{X'}(x_i) \leqslant 1$，核函数 $S_{X'}(x_i) = t_{X'}(x_i) - f_{X'}(x_i)$，若 $S_{X'}(x_i) \geqslant \alpha$ （α 为重要性标准），则 x_i 入选约简后的指标集 X' 中。

2. 深度二级筛选

在对代表性指标进行筛选的过程中应该依据以下几个原则：

指标的必要度（E_1）：必要度通过集中度（R_{11}）、离散度（R_{12}）以及协调度（R_{13}）的专家综合评分系统得出。如果某指标的综合评分结果相对集中，且偏差较小、具有协调性，则可认为该指标必要度较高（曾珍香和李艳双，2001）。本书主要通过 Delphi 法来把不同指标按照重要程度区分为不同等级，赋予各个等级不同的量值，在此基础上让专家匿名对指标进行必要性的评价。例如，在一个指标体系中共有 m 个指标，根据 p 个专家对其必要性的分析结果将其等级分为五个层次，$j = 1,2,3,4,5$，代表不同等级的必要性。

$$F_i = \frac{1}{p}\sum_{j=1}^{5} E_j n_{ij} \tag{4-1}$$

式中，F_i 为 p 个专家对于第 i 个指标必要度评价的期望值；E_j 为第 i 个指标第 j 级的必要度值（j 表示等级，$j = 1,2,3,4,5$）；n_{ij} 为将第 i 个指标第 j 级必要度的专家人数（阮树朋和赵文杰，2011）。

从指标的离散度进行分析，可以判断出专家在必要度评价过程中存在的主观认识的差异。对于离散度的分析可以通过计算标准差 δ_i 进行：

$$\delta_i = \sqrt{\frac{1}{p-1}\sum_{j=1}^{5} n_{ij}(E_j - F_i)^2} \tag{4-2}$$

式中，δ_i 为专家对第 i 个指标重要程度评价的离散程度。F_i 与专家评价的指标之间存在正比关系，专家意见越集中时，δ_i 值则越小。F_i 与 δ_i 反映的具体结果可能存在差异，此时可通过协调度 V_i 来进行判断分析。指标的协调度代表整个专家组对该指标协调性程度的评价，专家评价第 i 个指标的协调度 V_i 为

$$V_i = \delta_i / F_i \tag{4-3}$$

式中，F_i 值与 δ_i 值及 V_i 值呈负相关，与指标必要度呈正相关。通过对这三个值的系统性分析，可以划分指标不同的必要程度。

指标的获取难度（E_2）：可以借助指标获取的平均难度来进行分析（邵强等，2004）。该难度一般由专家分为不同的等级，从不同指标的获取难度来判断该体系是否具有实践与利用价值。

由于等级的确定有助于后期的总结与分析，可指标获取难易度可分为五个等级（$j = 1,2,3,4,5$）。一般由专家对指标获取的具体难度进行界定，往往定量指标的获取难度要小于定性指标，具体指标获取难度小于综合指标，在计算或分析过程中，第 i 项指标获取难度一般用 H_i 表示。

指标的独立程度（E_3）：反映各指标之间的独立程度，具有相对性，在一定程度上能够表现不同指标之间的相互关系（张国祥和杨居荣，1996）。

指标体系中各个指标的独立程度与相关程度互补，可以设指标的独立程度为相关程度的负值。由于同时存在定量与定性指标，因此直接计算 n 个定量指标的相关系 P_{ij}，定性与定量、定性与定性指标之间的相关程度 P_{ik} 则为专家打分所得到的期望，得分设置在 $[0,1]$ 区间内。由于定量所得到的相关系数较为准确，定量与定性、定性与定性之间的相关程度误差较

大，故设置一定的权重。那么这个指标的独立程度为 $-P_i$。

$$P_i = w_{31} \sum_{j=1}^{n} P_{ij} + w_{32} \sum_{k=1}^{m-n} P_{ik} \tag{4-4}$$

根据上述评价内容，构建筛选指标体系的目标函数：

$$U = w_1 E_1 + w_2 E_2 + w_3 E_3 \tag{4-5}$$

$E_1 \sim E_3$ 体现的是指标的必要度、获取难度以及独立程度，而对于各项指标的权重可以通过 $w_1 \sim w_3$ 表示。

通过对必要度的分析看出，对于指标评定结果的集中度、离散度与协调度的分析可作为基础性指标加以利用。由此必要度 E_1 可以表示为

$$E_1 = w_{11} R_{11} - w_{12} R_{12} + w_{13} R_{13} \tag{4-6}$$

$R_{11} \sim R_{13}$ 显示了在最后评价结果中的指标数值（包括集中度、离散度、协调度三个内容），不同指标对应的权重也有所不同，可以用 $w_{11} \sim w_{13}$ 表示。离散度指标值越小越好，因此将其设定为负指，权重的设定则根据评价目的与评价要求来确定（李远远，2009）。

综上所述，得到第 i 个指标的目标函数值为

$$U_i = w_{11} F_i - w_{12} \delta_i + w_{13} V_i + w_2 H_i - w_3 P_i \tag{4-7}$$

根据以上方法我们将指标库中的指标进行排序筛选，最终选取了得分较高的 20 个指标。

4.6　指标体系构建

基于备选指标优选分析，经过调整优化，结合实际研究对象特征，构建普适性重要生态功能区资源环境承载力指标体系。以 E-PSR 评估指标概念框架、4 层指标结构层、5 项要素、20 项评估指标，见表 4-5。

4.6.1　生态支撑力指标体系构建

生态支撑力具备生态系统的属性，故生态支撑力具有生态系统的生境条件、物质循环和能量流动所呈现出的特点。为了更客观地反映出当地生态系统状况，可将生态支撑力准则层分别设定成自然驱动因子、生态结构因子和生态功能因子。即分别从生态系统的属性、结构和功能三方面来全面描述。

如图 4-2 所示，自然驱动力相当于生态系统的内力，主要维持生物群落的生存力、适应性和繁衍力。根据研究表明，生境所提供的生态因子按性质可分为气候因子（如温度、水分和光照等），土壤因子（如土壤结构和土壤成分等）和地形因子（如海拔高度）。生态系统结构特征是生态系统的基础属性，可分别从生态系统的空间结构、生物量和景观格局三类属性来衡量生态支撑力。生态系统功能状况可间接反映生态系统稳定性，而能量流动和物质循环是生态系统的两大基本功能，主要体现生物群落对生境作用能力，分别从生态群落对生态系统的生产力和对生态系统的水圈、大气圈和土壤圈的调节能力来衡量生态支撑力。具体指标结构和描述见表 4-6。

表 4-5　全国重要生态功能区资源环境承载力评价指标体系

目标层	准则层	要素层	指标层
资源环境承载力	生态支撑力	自然驱动力	年均温
			年降水量
			平均海拔高度
		生态结构因子	景观破碎度
			植被覆盖度
			生物丰度
			叶面积指数
		生态功能因子	净第一生产力
			水源涵养力
			固碳吐氧能力
			土壤侵蚀度
	社会经济压力	资源能源消耗	人口密度
			能耗指数
			水耗指数
			城市化率
			旅游指数
			人均耕地面积
		环境污染压力	单位耕地面积农用化肥用量
			单位面积生活污水排放量
			单位面积工业"三废"排放量

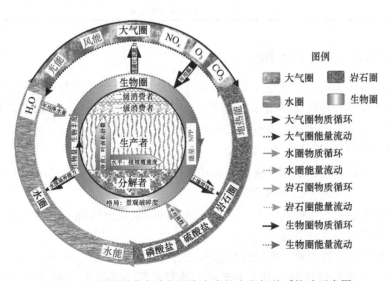

图 4-2　全国重要生态功能区生态支撑力指标体系构建示意图

表 4-6　全国重要生态功能区生态支撑力指标体系

目标层	准则层	准则层描述	指标层	指标层描述
生态支撑力	自然驱动因子	属于生态系统的生境部分，分别从生态系统中的水圈、大气圈和土壤圈来衡量生态支撑力	年降水量	年降水量，即年总降水量，是衡量一个地区降水多少的数据。其值可反映生态系统潜在生产力值
			年均温	年均温是由某一地区测出的当年每日平均温度的总和除以当年天数所得出。其指可直接影响植被的光合作用效率，故可反映生态系统潜在生产力值
			平均海拔高度	平均海拔高度是指以高程基准面为起点所测定平均地面或空中高度。该指标可反映一个地区的地势状况和气象情况，对当地植被作物的生长及土壤保持起到重要作用
	生态结构因子	主要体现生态系统的生物群落部分，分别从生态系统的面貌、生产系统和免疫系统来衡量生态支撑力	景观破碎度	景观破碎度是指景观被自然因素及人为因素所切割破碎化程度，即景观生态格局由连续变化结构向斑块镶嵌体变化过程的一种度量
			植被覆盖度	植被覆盖度是指在生长区域地面内所有植被（乔、灌、草和农作物）的冠层、枝叶的垂直投影面积所占统计区域面积的比例，是一个描述区域生态环境质量的重要性指标
			生物丰度指数	生物丰度指数是衡量被评价区域内生物多样性的丰贫程度。其状况可决定着生态系统的面貌，是反映生态环境质量最本质的特征之一
			叶面积指数	叶面积指数是单位土地面积上植物叶片总表面积占土地总表面积比率。作为生态系统的重要结构参数之一，叶面积指数是用来反映植物叶面数量、冠层结构变化、植物群落生命活力及其环境效应
	生态功能因子	主要体现生物群落对生境作用的能力，分别从生态群落对生态系统的生产力和对生态系统的水圈、大气圈和土壤圈的调节能力来衡量生态支撑力	净第一性生产力	绿色植物在单位时间和单位面积上所能累积的有机干物质，包括植物的枝、叶和根等生产量及植物枯落部分的数量。因为能主要反映植物群落在自然环境条件下的生产能力，所以是评价生态系统结构和功能协调性的重要指标
			水源涵养能力	水源涵养能力是生态系统的重要功能之一。例如，森林生态系统可通过乔木层、灌草层、凋落物层和土壤层来阻滞降水、涵蓄水源，从而起到调节地表径流，保持水土的作用
			固碳吐氧能力	固碳吐氧能力又称为固碳释氧能力，是指植被生态系统通过光合作用和呼吸作用来吸收大气中的 CO_2 和释放 O_2 的能力。通过维持大气中的 CO_2 和 O_2 动态平衡，达到减缓温室效应的作用
			土壤侵蚀度	土壤侵蚀度是指土壤层中土壤物质在外动力作用下发生分离和搬运的过程中所流失的程度，即是土壤侵蚀发展相对阶段或相对强度的差异。其中，土壤侵蚀强度是指单位面积和单位时间内土壤的流失量

4.6.2　社会经济压力指标体系构建

由于社会经济压力的评价实际上是对重要生态功能区社会经济发展情况的总体评估，它涉及资源能源消耗以及环境排放等多方面要素，无法采用一个或几个指标来衡量。为此，必须建立一套科学、完备、可以定量化的指标体系。

1）评价指标体系的构建原则

为了客观、全面、科学地衡量重要生态功能区社会经济压力综合情况，在研究和确定综合评价指标体系时，应遵循以下 3 个原则。

（1）科学性与适用性原则，评价指标应与研究区域的实际情况相符合，且能科学反映出评价区生态环境现状及变化特征。

（2）简洁性与独立性原则，所选评价指标一方面力求少而精，评价方法尽可能简单；另一方面能够全面体现地域性特点并充分反映生态环境压力各要素主要方面的现状和变化情况，同时尽量避免指标内涵交叉重复。选择独立性强，代表性好的主要指标。

（3）可行性与定量化原则，生态环境压力评价是受多种因素的限制和制约，指标数据的获取能力是生态环境质量评价成功与否的重要条件之一，在选取指标时以数据获取的难易程度为准则，并且以定量化数据优先。

2）指标体系的构建

按照上述指标体系建立的原则，从资源能源消耗及环境污染压力2个方面构建了2个层级8项指标综合评价指标体系（图4-3和表4-7）。

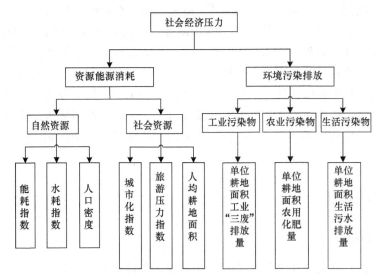

图4-3 全国重要生态功能区社会经济压力指标示意图

表4-7 全国重要生态功能区社会经济压力指标体系

目标层	准则层	指标层		意义
社会经济发展压力	资源能源消耗压力	人口密度		表征人口对资源环境压力的指标，来自统计年鉴
		能耗指数		表征经济发展与能源消耗关系的指标，能源总量/区域总面积
		水耗指数		表征经济发展与水资源消耗压力关系的指标，用水总量/区域总面积
		城市化率		表征社会经济发展程度指标，非农人口/总人口
		人均耕地面积		表征资源容纳能力指标，耕地面积/总人口
	环境污染压力	单位耕地面积农用化肥施用量		反映农业发展过程中对生态环境污染的状态指标，农肥总量/耕地面积
		单位面积生活污水排放量		反映居民生活污染排放指标，生活污水总量/区域总面积
		单位面积工业三废排放量	工业废气排放量	反映工业经济发展对环境压力状态的指标工业污染，工业三废总量/区域总面积
			工业废水排放量	
			工业固体废弃物排放量	

从重要生态功能区的资源消耗来看，可分为自然资源消耗和社会资源占用。自然资源是指自然环境中与人类社会发展有关的、能被利用来产生使用价值并影响劳动生产率的自然要

素，通常包括矿物、土地、水、气候与生物资源等。考虑到资源消耗的普遍性以及数据的可获性角度，水和土地资源消耗指标具有代表性。与自然资源相对应的社会资源，即人口密度，是重要生态功能区社会经济发展必不可少的生产要素。因此，水耗指数、城市化率、人均耕地面积这三个指标能反映出重要生态功能区的一般产业的资源消耗程度。从重要生态功能区的能源消耗来看，目前国家和省一级的有关资料中所统计的能源类型一般包括煤炭、焦炭、原油、汽油、柴油、燃料油、天然气以及电力等。通过总能源的消耗指标可以综合反映出一般产业的能源消耗情况。所以，选用人口密度能耗来进行表征。

从重要生态功能区的环境污染排放来看，衡量工业废水的污染物指标通常包括化学含氧量、石油类、氰化物、砷、汞、铅、镉、六价铬等；废气主要包括粉尘、CO、CO_2 和 H_2S 等污染物；固体废弃物是相对废水、废气而言的，是指人们在从事生产和生活时所扬弃的各种固体物件和泥状物质，包括有机和无机废弃物、固体废弃物和泥状废弃物、放射性废弃物等。从评价目的以及指标体系选择的代表性和可操作性来看，只需分别从农业、居民生活和工业三方面的三类污染物排放的综合数量来衡量即可。因此，在环境污染排放指标中，分别用单位耕地面积农用化肥施用量、单位面积生活污水排放量和单位面积工业"三废"排放量来衡量。

4.7　指标内涵解析

4.7.1　自然驱动指标

自然驱动指标包括以下主要次级指标：年均温、年降水量、平均海拔高度。

1）年均温

陆地生态系统所固定的碳主要是通过呼吸作用返回到大气中，生态系统呼吸释放的 CO_2 远远高于燃料燃烧所释放的 CO_2。全球温度升高与降水量减少导致的干旱胁迫对生态系统影响的强度、持续期和频率都将大大增加。陆地生态系统是人类赖以生存的环境，也是全球碳循环的重要组成部分。研究表明，土壤或空气温度是影响生态系统呼吸的主要因素。年均温的大小直接影响植被的光合作用效率，因此可以反映生态系统潜在生产力的大小（张舒和申双和等，2012）。

2）年降水量

降水量是衡量一个地区降水多少的参数，是指从天空降落到地面上的液态和固态（经融化后）降水，没有经过蒸发、渗透和流失而在水平面上积聚的深度，一个地区的年总降水量就是年降水量，可以反映生态系统潜在生产力的大小。

降水是生态系统重要的水分来源，也是不同时空尺度上各种生物过程的重要驱动因子。有关陆地生态系统和大气之间水汽、能量交换过程的研究有很多，从热带到北半球中高纬度囊括了森林、草地、农田及苔原等不同生态系统类型。太阳辐射是地球能量的主要来源。也是地球表层各种物理过程、生物过程的基本动力。当太阳辐射穿过大气到达地球表面时将产生一系列的能量再分配，包括地面、大气及地-气系统的吸收、反射和二次辐射等。陆地表层获得的净辐射主要以潜热和显热形式向大气输送水汽和热量，还有部分向土壤中传导以及储存于植物冠层中。不同陆地生态系统由于地理位置和地形等的不同获得辐射能量也不同，加上下垫面（植被、土壤状况）的不同，导致了陆地与大气间水热交换的差异，进而对气候产生不同的影响（张宪洲和王艳芬，2010）。

3）平均海拔高度

随着海拔高度的变化，生物类型出现有规律的垂直分层现象，这是由于生物生存的生态环境因素发生变化的缘故。例如，在川西高原，自谷底向上，其植被和土壤依次为：山地灌丛草原—山地棕褐土，山地灌丛草甸—棕草毡土，亚高山草甸—黑毡土，高山草甸—草毡土。由于山地海拔高度的不同，光、热、水、土等因子发生有规律的垂直变化，从而影响了植被的种类和布局，形成了各具特色的群落和生态系统（曹凑贵，2002）。

4.7.2 生态结构指标

生态结构是生态系统的构成要素及其时、空分布和物质、能量循环转移的途径。是可被人类有效控制和建造的生物群种结构。不同的生物种类、群种数量、种的空间配置、种的时间变化具有不同的结构特点和不同功效。它包括平面结构、垂直结构、时间结构和食物链结构四种顺序层次，独立而又相互联系，也是系统结构的基本单元。系统的结构是功能的基础，调整系统结构，是对环境资源合理开发与利用的重要手段（刘少康，2002）。

生态结构指标包括以下主要次级指标：景观破碎度、植被覆盖度、生物丰度、叶面积指数。

1）景观破碎度

景观破碎化是指由于自然或人为因素的干扰，原来连续的景观要素经外力作用后变为许多彼此隔离的斑块镶嵌体或嵌块（吴春燕和郝建锋，2011）。表现为：斑块数量增加而面积缩小；斑块形状趋于不规则；内部生境面积缩小；廊道被截断及斑块彼此隔离。破碎化可分为两种类型：地理破碎化和结构破碎化。而整个破碎化过程是一个连续的动态过程，它取决于人类的土地利用，而土地利用又受到破碎化速率的影响，这一点在地中海地区表现最为明显。景观的破碎化使斑块对外部干扰表现得更加脆弱，会对其中生存的物种带来一系列的影响，如种群的大小和灭绝速率、扩散和迁入、种群遗传和变异、种群存活力等；改变生态系统中的一系列重要关系，如捕食者—食物、寄生物—寄主、传粉者—植物及共生关系等。破碎化是一个生境或土地类型分成小块生境或小块地的过程。在不同的时空尺度范围内，每个种群都将表现出斑块化和变异性，因此定义常见种或稀有种是有尺度依赖的。物种的绝灭阈值及破碎生境中的适宜生境比例，因景观类型和尺度的分辨率而不同。因此，针对不同的动植物种群，应选择相应的尺度研究破碎化对其生存的影响。破碎化产生的片断生境在物理、化学和生物学因素方面都发生了一系列的变化。景观破碎导致片断生境受到影响。而生境破碎影响物种种群迁入率和灭绝率。景观的破碎化主要通过影响生物的生存空间、多度、片断的比率、个体增补率等加剧种群的灭绝，减少生态系统多样性（刘建锋等，2005）。

在景观生态学中破碎度指标反映了土地利用/覆盖被分割的破碎程度。破碎度能够很好地描述对应区域种植结构破碎情况，破碎度指标越大，说明该区域越破碎。景观破碎化会影响到生态系统的组分、结构与生物化学过程和生态系统功能，进而对生态系统的多样性等产生影响，最终会对生态系统服务产生影响，这是一个非常复杂的相互作用过程，在此作用过程中，有些作用会导致生态服务的增加，有些作用则会导致生态服务的减少。

景观破碎度表征景观被分割的破碎程度，反映景观空间结构的复杂性，计算公式如下：

$$C_i = N_i/A_i \qquad (4\text{-}8)$$

式中，C_i 为景观 i 的破碎度；N_i 为景观 i 的斑块数；A_i 为景观 i 的总面积（赵玲和吴良林等，2010）。一般来说，受人类活动干扰小的自然景观的分数维值高，而受人类活动影响大的认为景观的分数维值低。应该指出的是，尽管分维数指标被越来越多地运用于景观生态学的研究，空间斑块性是景观格局最普遍的形式，它表现在不同的尺度上。景观格局及其变化是自然和人为的多种因素相互作用所产生的一定区域生态环境体系的综合反映，景观斑块的类型、形状、大小、数量和空间组合既是各种干扰因素相互作用的结果，又影响着该区域的生态过程和边缘效应。但由于该指标的计算结果严重依赖于空间尺度和格网分辨率，因而我们在利用指标来分析景观结构及其功能时要更为审慎。

2）植被覆盖度

植被覆盖度（fractional vegetation cover，FVC）通常定义为植被（包括叶、茎、枝）在地面的垂直投影面积占统计区总面积的百分比，用百分数表示。陆地生态系统作为地球系统重要的组成部分，在维持整个地球系统结构、功能和环境，并调节使之向适宜于人类生存方向发展中扮演着重要角色。植被是陆地生态系统中最基础的部分，所有其他生物都依赖于植被，是刻画地表植被覆盖的重要参数，也是指示生态环境变化的基本指标，在大气圈、土壤圈、水圈和生物圈中占据着重要的地位（贾坤等，2013）。

植被覆盖度测量方法通常有地表实测法和遥感测量法两种。由于植被覆盖度有显著的时空分异特征，所以基于离散点的地表实测法虽然可能在局部小区域测量时精度较高，但推广到大范围时具有很大的不确定性；遥感监测方法基于空间连续数据，在大中尺度区域估算植被覆盖度具有一定优势，目前备受关注。利用遥感数据提取植被覆盖度的方法主要有经验模型法、植被指数法和混合像元分解法。经验模型法是利用某单一波段、波段组合或计算得到的植被指数与实测植被覆盖度建立回归模型，然后求取较大区域的植被覆盖度。回归模型适用于时相较近的遥感影像，对于年份较早的影像，如 10 年前或几十年前的影像数据，由于地表植被覆盖的变化，通常无法获取对应年份的样区实测植被覆盖度数据，该方法的应用在时间上受到一定的限制；回归模型在局部区域具有较高精度，但在空间应用上具有局限性，只适用于特定的区域与特定的植被类型，不具有普遍意义。混合像元分解法源于定量遥感的线性光谱混合模型。Quarmby 等（1992）基于 AVHRR 资料，提出了植被指数与植被覆盖度的线性混合转换模式，基本思路是将遥感影像的像元分解为植被信息和非植被信息两部分，估算其中植被信息的比例，即植被覆盖度。基于混合像元分解模型的遥感植被覆盖调查一方面不需要进行大范围的野外考察，经济方便；另一方面可以利用不同时相的遥感影像估算植被覆盖度，适于植被覆盖度的动态监测研究。从遥感图像上分析，诸多学者所认为的植被指数法主要指混合像元分解中最简单的像元二分法，应该属于混合像元分解（邸利等，2011）。

基本计算公式如下：

$$I_i = S_i/S \qquad (4\text{-}9)$$

式中，S_i 为植被覆盖面积；S 为研究区总面积。

3）生物丰度

生物丰度是人类赖以生存和发展的基础，生物丰度状况决定着生态系统的面貌，是反映生态环境质量最本质的特征之一。在生态环境影响评价中，生物丰度指数通过单位面积上不同生态系统类型在生物物种数量上的差异，间接反映被评价区域内生物多样性的丰贫程度。

生物多样性是人类社会赖以生存和发展的基础，生物丰度状况决定着生态系统的面貌，是反映生态环境质量最本质的特征之一。生物丰度指数归一化系数就是将原始数据进行归一化处理所需的系数（邹长新等，2014）。

生物丰度指数归一化系数计算过程需要注意以下两个方面：第一，评价区尺度的选择，也就是对比对象的选择。乡级评价项目放在县里，与其他乡的资料进行对比最佳；县级评价项目放在省里，与其他县的资料进行对比较好。如果选用国家尺度的系数对乡级、或是县级项目进行评价，可能会使计算的生物丰度指数超过 0～100 的数值范围，分级评价结果失真，进而失去了进行生态评价的意义。第二，生物丰度计算过程中，如果每一个评价项目都进行生态系统类型及土地利用和覆盖类型的遥感提取，其工作量是可想而知的。乡级项目需要知道整个县的信息；县级项目需要了解整个省的信息。如果遥感信息提取所使用的技术规范和算法不同，也会使得信息的可比性受到质疑。与生态系统的结构、空间格局和过程的多尺度特点相一致，各归一化系数是个因尺度而异的系数。生态过程具有空间尺度和时间尺度，从自然尺度上看具有不同的等级，如群落、生态系统、生物群落区、生物圈等；从行政区划的尺度上看，有着乡、县、省和国的不同级别（刘建红和徐建军等，2007）。《生态环境状况评价技术规范（试行）》（HJ/T192—2006）规定了生物丰度指数的权重和算法。

指标的计算方法如下（宋宏利和张晓楠等，2012）：

$$生物丰度指数=A_{bio}×（0.35×林地+0.21×草地+0.28×水域湿地+0.11×耕地+0.04×建筑用地$$
$$+0.01×未利用地）/区域面积 \qquad (4-10)$$

式中，A_{bio} 为生物丰度指数的归一化系数。

4）叶面积指数

叶面积指数又称为叶面积系数，是指单位土地面积上植物叶片总面积占土地面积的倍数。即：叶面积指数=叶片总面积/土地面积。反映植物群体生长状况的一个重要指标，其大小直接与最终产量高低密切相关。在生态学中，叶面积指数是生态系统的一个重要结构参数，用来反映植物叶面数量、冠层结构变化、植物群落生命活力及其环境效应，为植物冠层表面物质和能量交换的描述提供结构化的定量信息，并在生态系统碳积累、植被生产力和土壤、植物、大气间相互作用的能量平衡，植被遥感等方面起重要作用。

基本计算方法如下（王韵，2013）：

$$叶面积指数=叶片总面积/土地面积 \qquad (4-11)$$

方法一：统计模型法，主要是将遥感图像数据如归一化植被指数 NDVI、比植被指数 RVI 和垂直植被指数 PVI 与实测 LAI 建立模型。

方法二：土地利用类型建立模型计算。

4.7.3 生态功能指标

生态系统功能是指生态系统的不同生境、生物学及其系统性质或过程。生态系统的基本功能包括能量流动，物质循环和信息传递三个方面。生态系统的物质循环功能是指地球上各个库中的生命元素—碳（C）、氧（O）、氮（N）、磷（P）和硫（S）等的全球或区域的地球生物化学循环过程；生态系统的能量流动功能是指各种能量在生态系统内部的输入、传递和散失的过程；生态系统的信息传递功能是指构成生态系统的各组分之间（包括生物与非生物）进行物理信息、化学信息、行为信息和营养信息的双向传递过程。其中，能量流动和物质循环是生态系统的基本功能，而信息传递则在能量流动和物质循环中起调节作用，能量和信息依附于一定的物质形态，推动或调节物质运动，三者不可分割。生态系统的不同功能主要通过物种外循环、物种内循环和物种间循环 3 种途径来实现（任平等，2013）。

生态系统功能是生态系统本身所具备的一种基本属性，它独立于人类而存在。以物质循环功能中的碳循环功能为例，大气中的二氧化碳（CO_2）被陆地和海洋中的植物吸收，然后通过生物或地质过程以及人类活动，又以二氧化碳的形式返回大气中。不管人类存在与否，这种循环会在生物圈内周而复始地进行，人类活动的干预（如大量矿物燃料的使用导致的大气中 CO_2 浓度的升高）只会对这种循环过程产生一定程度的影响，但却无法改变整个过程（冯剑丰等，2009）。

生态功能指标包括以下主要次级指标：净第一性生产力、水源涵养力、固碳吐氧能力、土壤侵蚀度。

1）净第一性生产力

第一性生产力是绿色植物呼吸后所剩下的单位面积单位时间内所固定的能量或所生产的有机物质，即是总第一性生产量减去植物呼吸作用所剩下的能量或有机物质。它是植物光合作用有机物质的净创造，作为表征陆地生态过程的关键参数，是理解地表碳循环过程不可缺少的部分，是一个估算地球支持能力和评价陆地生态系统可持续发展的一个重要指标（张智全等，2011）。

计算公式为（杨海宽，2008）：

$$NPP_t = 30000 / (1 + e^{1.315 - 0.119t}) \tag{4-12}$$

$$NPP_r = 30000 \times (1 - e^{-0.000664r}) \tag{4-13}$$

式中，NPP_t 为以年均温度算得的植物干物质产量，kg/（hm^2·a）；NPP_r 为以年均降水量算得的植物干物质产量，kg/（hm^2·a）。

选择通过 Miami 模型计算获得的较低生产力作为该地区的气候生产潜力值。

2）水源涵养

水源是生态系统的一个重要功能。日前国内外关于草地水源涵养量的计算，有水量平衡法、土壤蓄水估算法、地下径流增长法、多因子回归法等，其中，水量平衡法较易操作。国内外森林涵养水源研究的理论与实践也表明，水量平衡法是计算森林水源涵养量的最佳方法，而其他方法中实际测算林冠截留率、枯枝落叶层干重等参数的操作难度较大。因此，本书采用水量平衡法来计算草地生态系统的水源涵养量，即草地涵养水源的总量取决于草原的降水量和蒸散量。

此外，综合相关文献，目前关于涵养水源价值的评估方法主要分为两大类：一是通过河川调节径流，降低洪枯比等对灌溉、发电等部门增加的效益；二是达到与草原同等涵养水源作用的其他措施（如修建水库）所需的费用（称为替代工程法）。该价值的评估基本上采用"替代工程法"，即以其他措施可以产生同样效益的费用作为草原涵养水源的货币值（尹剑慧和卢欣石，2009）。

本书将采用水量平衡法和影子工程法计算草原涵养水源的价值，计算通式为（尹剑慧，2009）：

$$H = S \times (P - E) = S \times P \times \theta / 1000 \tag{4-14}$$

式中，H 为草地每年的水源涵养量，m^3；S 为某类型草地的面积，hm^2；P 为年平均降水量，mm；E 为年平均蒸散量，mm；θ 为某类型草地截留降水、减少径流的效益系数。

年平均降水量–年平均蒸散量：反映地区水量总体变化量，受降雨，蒸发，温度等要素的综合的影响，可以校验$(P-E)$。

3）固碳吐氧能力

陆地生态系统是人类赖以生存的物质基础，具有十分重要的生态调节功能，能够为人类的生存和发展提供生态服务，体现生态服务价值，其中生态系统的大气调节功能是其服务功能的重要组成部分，主要体现在 CO_2/O_2 平衡、O_3 防紫外线及 SO_2 水平等方面的服务功能。生态系统的固碳释氧功能指绿色植物通过光合作用将 CO_2 转化为有机物并释放 O_2 的功能，这种功能对于调节气候、平衡空气中 CO_2/O_2 浓度具有重要意义，特别是随着大气中 CO_2 浓度升高，全球气候变化的异常，对于生态系统固碳释氧功能价值的测评显得尤为重要（刘敏超和李迪强等，2006）。

固碳：生态系统调节大气主要表现在吸收大气中 CO_2，同时向大气释放 O_2，对保持大气中 CO_2 和 O_2 的动态平衡、减缓温室效应以及提供人类生存的最基本条件起着至关重要的作用。

CO_2 的固定量及其价值目前计算固碳量的方法主要有 3 种：方法一是根据光合作用和呼吸作用的反应方程式 $6CO_2 + 12H_2O \longrightarrow C_6H_6O_6 + 6O_2 + 6H_2O \longrightarrow$ 多糖，以每形成 1 kg 干物质需要 1.62 kg CO_2 干物质的净初级生产力来推算固定 CO_2 的量；方法二是实验测定草原每年固定 CO_2 的量，即实测法；方法三是根据数字模型估算草地生态系统每年固定 CO_2 量，其中方法一最为简便、易行，故被普遍采用（尹剑慧和卢欣石，2009）。计算通式为

$$C = M \times S \times X \times 12 / 44 \tag{4-15}$$

式中，C 为固碳量，kg；M 为某类型草原单位面积产草量，kg/hm^2；S 为某类型草原的面积，hm^2；X 为某草原的固碳系数。

吐氧：O_2 的释放量和价值草原释放氧气价值核算方法主要有造林成本法和工业制氧法。同样根据光合作用和呼吸作用的反应方程式推算，每形成 1kg 干物质释放 1.2 kg O_2，然后运用造林成本法和工业制氧法两者的平均值估算释放 O_2 的价值（尹剑慧和卢欣石，2009）。计算通式为

$$O = M \times S \times X' \tag{4-16}$$

式中，O 为释放氧气的量，kg；M 为某类型草原单位面积产草量，kg/hm^2；S 为某类型草原的面积，hm^2；X' 为草原的释氧系数。

4）土壤侵蚀度

土壤侵蚀类型包括水力侵蚀、风力侵蚀、冻融侵蚀、重力侵蚀和工程侵蚀等。水蚀和风蚀是我国土壤侵蚀的主要类型，尤其是水蚀面积最大。影响土壤侵蚀的自然因素是气候、地形、地貌、植被及地面组成物质等，以及同这些自然因素密切相关的人类活动或社会经济因素土壤侵蚀是生态环境某种特定演变的反映，人类不合理的开发利用加剧了侵蚀过程，同时侵蚀又反作用于生态环境。由于侵蚀是一个渐变的过程，侵蚀的生态环境效应也是逐步产生的，在侵蚀初期或规模较小的侵蚀中，其效应多以大气、土壤、微地貌、径流等环境因子的变化为主。而当侵蚀发生发展到一定阶段，土壤侵蚀的局部环境效应演变为全局环境效应，

通过对相关环境因子的综合影响,间接地表现出宏观的整体效应(田光进和张增祥等,2002)。

4.7.4 资源能源消耗指标

生态环境压力的构成主要分为两大部分,一方面是对资源能源的消耗,另一方面是生态环境对排放污染物的容纳能力。以上二者都不可避免地受限于社会经济的发展水平及人们的生活模式的影响。

虽然资源能源过度消耗问题通过科技进步,提高使用效率能得到改善,然而,我们往往忽视各类资源能源的生态价值。区域本底的资源能源储备丰富、供给能力大,并不代表相应的生态环境压力小,也不表明能维持高速的社会经济发展速度。压力的大小与资源能源的需求量和资源能源质量关系更为密切。例如,在计算土地资源的承载力时,过去往往单纯强调可供养的人口数量,但随着生活水平的提高,这个定义被改进为:理想情况下能够养活的人口总数,以生活质量为基准。因此,如何客观衡量各相关因素之间的关系及其相互影响结果就显得尤为重要。

资源能源消耗指标包括以下主要次级指标:人口密度、能耗指数、水耗指数、城市化率、旅游指数。

1)人口密度

表征人口对资源能源压力的指标,由统计年鉴查得。

2)能耗指数

表征经济发展与能源消耗关系的指标,计算公式为能耗总量/区域总面积,相关数据由统计年鉴直接查得。能耗总量一般折算成标准煤当量。

3)水耗指数

表征经济发展与水资源消耗压力关系的指标,计算公式为用水总量/区域总面积。相关数据由统计年鉴查得。

4)城市化率

表征社会经济发展程度及对区域生态环境压力的指标,计算公式为非农业人口/总人口/区域面积。相关数据可由统计年鉴查得。

5)旅游指数

旅游压力指数是表征社会旅游经济发展程度的指标,计算公式为

旅游压力指数=[(省旅游景点接待人数/省旅游景点数)×县旅游景点数]/县域面积

6)人均耕地面积

耕地面积比是耕地面积与人口总数之比,它属于资源容纳能力指标,它反映了生态系统为人类提供食物、维持人类生存的能力,过高的耕地压力将威胁生态环境(刘庄,2004)。

4.7.5 环境污染指标

庇古于 1920 年在《福利经济学》一书中提出了著名的外部性理论,并在 1932 年首次将生态环境污染作为外部性问题进行了研究。按照外部性理论,政府只要对负面环境外部影响行为征税,对产生正面环境外部影响的行为进行补贴,就能使环境问题的外部性内部化,从而解决生态环境问题上的市场失灵问题。从生态经济学角度总体来看,针对环境问题产生的根本原因的讨论集中于环境和自然资源配置过程当中市场和政府各自失灵的角度。该思路为

从经济角度探索环境问题，提供了解决方案和可供参考的理论基础。生态经济学的主流观点认为，社会经济系统和自然生态系统的相互作用主要表现为三种形态：一是生态系统与社会经济系统处于可持续发展状态；二是二者均处于恶性循环状态；三是生态环境和经济发展的相互平衡被打破，处于失衡状态。生态经济学理论的核心即是关注生态环境与经济的协调发展问题（陈劭锋，2009）。

资源能源消耗指标包括以下主要次级指标：单位耕地面积农用化肥用量、单位面积生活污水排放量、单位面积工业三废排放量。

1）单位耕地面积农用化肥施用量

反映农业发展过程中对生态环境污染的状态指标。计算公式为农用化肥施用量/耕地面积，相关数据可由中国环境统计年鉴查得。

2）单位面积生活污水排放量

反映居民生活污染排放的指标。相关数据可由统计年鉴查得。

3）单位面积工业"三废"排放量

反映工业经济发展对环境压力状态的指标，工业"三废"排放量/区域单位总面积。具体包括工业废气排放量、工业废水排放量、工业二氧化硫排放量三项内容。

第 5 章　中国森林重要生态功能区资源环境承载力评价指标研究

5.1　概述

5.1.1　森林重要生态功能区的概念

重要生态功能区是指对于维护我国生态系统结构和功能起到关键作用的区域，其首要目标是保证生态系统的结构稳定和功能完善的地区。关于森林重要生态功能区的概念，在本书首次提出，与此相关的已有概念有森林生态型城市。2009 年，柏丽梅提出森林生态型城市的概念，她指出，森林生态型城市应包含三个层面：城市森林生态系统、城市森林群落和生态片域、城市树木和微生态。本章界定森林重要生态功能区是以森林生态系统为主导的重要生态功能区，森林生态系统主要特点是动物种类繁多，群落的结构复杂，种群的密度和群落的结构能够长期处于稳定的状态，森林主要生态区景观如图 5-1 所示。森林覆盖度和水源涵养能力是其主要的结构和功能特点。在进行重要生态功能区资源环境承载力评价的过程中，根据评价区的土地利用类型所占比例，界定出评价区的核心生态系统类型是森林生态系统、草地生态系统、湿地生态系统还是复合生态系统，依据不同类型生态系统的功能和状态选取适宜的指标。

图 5-1　森林重要生态功能区景观

5.1.2　我国森林现状

1994～1998 年在国家林业主管部门统一部署下，各省（直辖市、自治区）相继进行森林资源连续复查工作，开展了第五次清查，共完成 18 万个地面样地复查和卫片与航片判读样地 9 万多个。1999~2003 年开展了第六次全国森林资源清查，首次将荒漠化、沙化和湿地调查内容纳入到清查体系中，森林资源连续清查利用了广义"3S"技术即遥感（RS）、地理信息系统（GIS）、全球定位系统（GPS）和个人数字助理（PDA）数据采集技术，布设固定样地数量达到 41.5 万个，遥感样地数量达到 284.44 万个，实现了除台湾省、香港特别行政区、澳门特别行政区外，覆盖全国各省（直辖市、自治区）的地面固定样地布设。在 2004~2008 年间开展第七次清查，全国共实测固定样地 41.5 万个，判读遥感样地 284.44 万个，数据涉及森林生态状况和功能效益，以及森林资源数量、质量、结构、分布的现状和动态等方面。依据第七次清查结果，森林生态服务功能年价值量超过 10 万亿元，全国森林植被总碳储量 78.11 亿 t。在第六、第七次清查中虽然判读了大量遥感样地，但遥感数据主要局限于编制森林分布图，并未用于森林资源数据计算。2009 年至 2013 年间我国开展了第八次全国连续清查工作，同第七次连续清查结果相比，我国森林资源呈现以下四个特点：①森林总量持续增长，即原先 1.95 亿 hm² 的森林面积增加至 2.08 亿 hm²；原先 20.36% 的森林覆盖率提高到 21.63%；而森林蓄积量也由 137.21 亿 m³ 增加到 151.37 亿 m³。②森林质量进一步提高，每公顷蓄积量达到 89.79m³，净增 3.91m³；每公顷年均生长量增至 4.23m³，而且由于森林总量增加和质量显著提高，森林生态功能得到进一步巩固增强。③天然林数量质量稳步提升，天然林面积与前期相比增加 215 万 hm²，达到 12184 万 hm²；蓄积量则净增 8.94 亿 m³，达到 122.96 亿 m³。④人工林发展迅速，经过第八次全国森林资源清查结果调查，人工林面积由前期 6169 万 hm² 增加至 6933 万 hm²，而蓄积量增加 5.22 亿 m³，达到 24.83 亿 m³，其中我国人工林面积持续保持世界第一（闫飞，2014）。

我国森林面积居世界第 5 位，森林蓄积量列第 7 位。但我国的森林覆盖率只相当于世界森林覆盖率的 61.3%，全国人均占有森林面积相当于世界人均占有量的 21.3%，人均森林蓄积量只有世界人均蓄积量的 1/8。第六次全国森林资源清查结果显示，全国林业用地面积 2.85 亿 hm²，森林面积 1.75 亿 hm²，森林覆盖率 18.21%，森林蓄积量 123.56 亿 m²；人工林面积 0.53 亿 m²，蓄积 15.05m²，人工林面积继续保持世界首位。森林面积量居俄罗斯、巴西、加拿大、美国之后，列第 5 位；森林蓄积量居俄罗斯、巴西、加拿大、刚果之后，列第 6 位（徐少阳，2007）。

1. 森林资源结构

森林面积按土地权属划分，国有 7334.33 万 hm²，占 42.45%；集体 9944.37 万 hm²，占 57.55%。森林面积按林木权属划分，国有 7284.98 万 hm²，占 42.16%；集体 6482.58 万 hm²，占 37.52%；个体 3510.14 万 hm²，占 20.32%。在现有未成林造林地中个体比例达 41.14%。非公有制林业成效显著，所有制形式和投资结构开始趋向多元化。

在林分中，防护林、用材林、薪炭林、特用林面积比例分别为 55.07%、38.34%、2.12%、4.47%，蓄积比例为 45.57%、45.47%、0.46%、8.50%。

按龄组划分，幼龄林、中龄林、近熟林、成熟林和过熟林面积比例为 33.08%、34.77%、14.00%、12.01%、6.14%；蓄积比例为 10.62%、28.32%、18.56%、24.94%、17.56%。幼中龄林面积所占比例较大，幼龄林、中龄林面积占林分面积的 67.85%，蓄积占林分蓄积的 38.94%。

按优势树种分，栎类、马尾松、杉木、桦木、落叶松五个优势树种面积、蓄积所占比例较大，其面积合计 7130.78hm²，占林分面积的 49.94%；蓄积合计 449414.98 万 m³，占林分蓄积的 37.15%。

2. 森林资源质量

林分的树种组成比例、单位面积生长量和蓄积量、平均郁闭度和胸径、林木生活力、病虫危害程度等是反映森林资源质量的重要指标。林分针叶林、阔叶林、针阔混交林的面积比为 47：50：3。林分单位面积年均生长量为 3.55m³/hm²，平均郁闭度 0.54，平均胸径 13.8cm。林分单位面积蓄积量为 84.73 m³/hm²。

林分生长发育状况较好，林木生活力等级达到中等、良好以上的林分面积分别占 50.58%、42.22%；没有病虫危害的森林面积占 79.91%，受病虫危害达到重、中、轻度的森林面积比例分别为 0.54%、2.50%和 17.05%（石春娜和王立群，2007）。

3. 森林资源区域分布

长期以来，中国森林资源由于受人为活动和自然灾害等因素影响，其地理分布极不均衡，大部分森林资源集中分布在江河流域和山地丘陵地带。从地域分布来看，森林资源分布总的趋势是东南部多、西北部少；在东北、西南边远省及东南、华南丘陵山地森林资源分布多，而辽阔的西北地区、内蒙古中西部，西藏大部，以及人口稠密、经济发达的华北、中原及长江、黄河下游地区，森林资源分布较少。随着中国政府生态建设力度的不断加大，以及西部大开发战略的实施，林业六大工程建设的推进，中国西部森林资源逐渐丰富，森林资源分布不均的状况将逐步有所改善。

按流域分布，我国七大流域中，森林资源集中分布在长江、黑龙江、珠江、黄河、辽河、海河、淮河等七大流域。七大流域土地面积占国土面积近一半，森林面积占全国的 70.1%，其中长江流域、黑龙江流域的森林资源约占全国森林资源的一半。七大流域森林蓄积占全国的 64.09%，其中黑龙江流域中森林蓄积量最大，森林覆盖率最高。黄河、海河、淮河流域森林覆盖率低于全国平均水平。

按林区分布，我国林区主要有东北内蒙古林区、西南高山林区、东南低山丘陵林区、西北高山林区和热带林区五大林区。这五大林区的土地面积占国土面积的 41.71%，森林面积占全国的 77.88%，森林蓄积占全国的 75.60%。森林覆盖率以东北内蒙古林区最高，西南高山林区最低；森林面积以东南低山丘陵林区最多，西北高山林区最少；森林蓄积以西南高山林区最多，西北高山林区最少（朱永，2009）。

5.2 森林重要生态功能区生态问题分析

5.2.1 我国森林重要生态功能区存在的主要问题

1. 总量不足

我国森林覆盖率仅相当于世界平均水平的 61.3%，居世界第 130 位。人均森林面积 0.132hm²，不到世界平均水平的 21.3%，居世界第 134 位。人均森林蓄积量 9.421m³，不到世界平均水平的 16.7%，居世界第 122 位。

2. 分布不均

东部地区森林覆盖率为 34.27%，中部地区为 27.12%，西部地区只有 12.54%，而占国土面积 32.19%的西北五省区森林覆盖率仅为 5.86%。

3. 质量不高

全国林分平均每亩蓄积量只有 84.73m^3，相当于世界平均水平的 84.86%，居世界第 84位。林分平均胸径只有 13.8cm，林木龄组结构不尽合理。

4. 经营管理水平有待加强

人工林经营水平不高，树种单一现象还比较严重，森林生态系统的整体功能还非常脆弱。林地流失、林木过量采伐现象依然存在。可采资源严重不足，与社会需求之间的矛盾仍相当尖锐，保护和发展森林资源任重道远（国家林业局森林资源管理司，2010）。

5.2.2 森林重要生态功能区破坏的主要原因

1. 自然胁迫因子对天然林衰退的影响

树木存活与生长受到水、肥、光、温度和生物等因子的影响。当这些因子不适合树木生存、生长时，就会发生森林衰退。其中，干旱一直是森林衰退的最主要原因之一。早在 1928年，欧洲就开始对引起森林衰退的主导因子和次要因子进行研究，结果表明，干旱是该时期欧洲森林衰退的主要胁迫因子。在欧洲，森林区域性衰退的历史至少可以追溯到 18 世纪末或 19 世纪初，这些衰退很少是由单一的、无争议的原因引起的；干旱、冬季极端低温，霜冻（早霜过迟），蚜虫、黑甲虫等病虫害，真菌病原菌和污染等均可能是其中的原因。

2. 林分动态变化对天然林衰退的影响

20 世纪 60 至 70 年代，夏威夷岛的多型铁心木林衰退引起了人们的普遍关注。作为当地最主要的林型，铁心木林衰退影响到整个生态系统的稳定。夏威夷森林衰退也表现为枯梢病，主要发生在迎风坡。Mueller-Dombois 详细描述了该区不同立地类型的森林衰退 [包括湿地、干燥地、沼泽地以及林隙等]，发现每种立地的衰退都是若干因素的连锁反应，如森林结构简单，土壤承载力随森林的成熟而降低，当森林生长停滞时，极端气候触发顶梢枯死等。该区由于火山爆发导致酸雨出现，但与该区森林衰退似乎没有直接关系。氮或其他养分元素的亏缺曾被认为是夏威夷岛干燥地森林衰退的主要原因，但后来的研究证明，养分元素的亏缺不是森林衰退的原动力，引起夏威夷岛森林衰退的真正原因是林分动态变化。

3. 森林衰退病对天然林衰退的影响

目前，国内外很多学者把森林衰退归因于"森林衰退病（declinediseaseofforest）"或称"生态病"，认为森林衰退病是近代森林病理学的一个新概念。实际上，早在 20 世纪60 年代中期，Sinclair 比较美国东北部白蜡、栎树和糖槭树衰退现象时就提出了多因素致病理论，认为这 3 种树木的衰退是多种因素共同作用的结果。有人将森林衰退病的研究归属于森林病理学领域，并在其发生原因研究中取得较大进展。森林衰退病害是由多种生物与非生物因子综合作用所引起，这些致病因素分别被称为：诱发因素（predisposing）、激化因素（triggering）和促进因素（acceleration）。国内外很多学者对这一理论给予了解释。美国阿拉斯加扁柏的衰退表现为径向生长减少、细根死亡、针叶稀疏枯黄并且遭受病虫害侵袭。研究表明，导致森林衰退的原因不是非单一生物或非生物因子，而是由复杂的各种胁迫交互作用的结果。20世纪80至90年代，Manion（1992）正式将这种多因素致衰现象归纳为平行于侵染性病害和非侵染性病害之外的第三类病害。其定义为：森林衰退病是由一系列按特定顺序出现的非生物因素和生物因素综合作用、造成林木生活力或生长潜力显著下降，最终导致死亡的一类病害。

4. 环境污染对天然林衰退的影响

上述关于森林衰退的原因都是在没有污染或污染不是主要因子条件下所得的结论。实际上，森林衰退原因中空气污染病原假说和工业污染引起酸雨危害假说的影响是最大的。关于污染导致森林衰退的报道几乎遍及全球，如美国田纳西州和加拿大萨德伯里的铜污染，俄罗斯、中国和韩国的铜、镍污染，中国重庆地区的酸雨污染以及欧洲各国的工业污染等，化肥施用也是重要的点源污染。有关污染与森林衰退的关系研究与综述很多，主要包括以下几个方面：工业污染、土壤氮饱和/氨过剩、土壤酸化、臭氧含量增加。另外，在污染与森林衰退关系中存在着综合污染物导致森林衰退的假说，认为引起森林衰退的是 SO_2、NO_x、碳氢化合物和重金属等污染物质相互作用的结果，若再遇到不利的气候条件，则树木叶片碳水化合物产量减少，根叶活性降低，更易受真菌、细菌、昆虫和气候胁迫的攻击。

5. 森林退化的人为因素

导致森林衰退的人为因素包括污染物沉积、森林作为牧场时过度放牧、不适当的采伐、大面积营造纯林单调种植、偶然引入的虫害、火灾、水文改变和人为干扰造成的气候变化等。首先，人类的过度采伐，使天然林面积在最近100年中减少了1/5，是森林退化的最主要原因，而且这种不合理的采伐在世界各地，尤其是在发展中国家仍在进行。其次是全球气候变化引发的异常自然干扰导致大面积森林退化；而全球气候变化的最直接原因是人类社会在发展的同时破坏了环境（朱教君和李凤芹，2007）。

5.2.3　森林重要生态功能区破坏的主要危害

1. 森林资源枯竭造成林业的衰退

森林是林业的产业基础，林业的根本在于森林资源。林产业与其他产业最大的区别在于，要维持年度的正常产量，必须要有相当于年消耗量几十倍的森林储备。而我国的森林资源现状早已不能达到这一要求。森林资源的匮乏严重制约了林业的发展。

我国经济落后，资金紧张，木材消耗不能依靠进口，只能立足自身。在大量超量消耗原始积累的森林资源，造成严重生态危机的情况下，我国的木材产量依然不能满足人民日益增长的需要，与整个国民经济的发展很不协调。

由于可采森林资源的枯竭，按合理采伐量生产，木材产量远远满足不了社会需要，不少采运企业设备闲置，职工过剩，劳动生产率低下。由于原材料不足，刚刚起步的林产品加工企业已处于半饥半饱状态。

由于木材供应不足，造成我国造纸行业原材结构极不合理，严重污染环境，纸浆纸板大量进口，花去巨额外汇。我国林业成了国民经济中最薄弱的环节，林业面临着严重的危机。

2. 森林锐减引起气候失调，土壤沙化

森林锐减不仅导致林业产业基础的瓦解，更重要的是植被的破坏造成生态失调，引起十分严重的风沙、干旱，使耕地变成不毛之地，沙漠化扩大，带来严重的生态性灾难，威胁人类的生产活动和生存。我国荒漠化、沙漠化等问题与多年来毁林开荒，乱砍滥伐造成的植被破坏是分不开的。

3. 森林锐减带来严重的水土流失和频繁的自然灾害

建国初期，全国水土流失面积为 116 万 km^2，目前扩大到 150 万 km^2。全国每年流失的泥沙达到 50 亿 t。森林遭到破坏一方面导致水土流失，江河泥沙含量增高，使人工与自然的水利工程失去功效；另一方面削弱了涵养水源的能力，致使有雨则涝，无雨则旱，更加剧了洪水的危害（张毅，1994）。

5.2.4 防治对策

1. 纠正森林利用过程中决策的失误

对于天然林，应以保护为核心，兼顾利用，解决天然林保护工程过程中的关键瓶颈问题，如明确天然林保护工程中不同森林生态系统类型的水文、养分循环、树种生理生态、生物多样性变化及更新演替等主要生态过程，研究人为干扰、自然干扰对森林生态过程的影响，以及生态过程对各种类型干扰的响应等。另外,应加强污染地区污染物对森林危害的临界值（阈值）及其预警系统研究、大气污染物对林木的行为和作用机理研究，从而为天然林保护提供理论依据与技术保障。对于人工造林，应以生态学基本原理为指导，避免可能引起其衰退的因素，如准确判断地带性顶极植被类型、正确选择造林树种等。同时，应不断加强森林高效、稳定、可持续经营理论与技术研究，为森林的可持续经营和决策提供依据。

2. 减少人为过度干扰，加强以全球变化为主的异常自然干扰的应对策略

对于人为干扰过度的森林，应排除人为干扰，通过自然途径或人为辅助方式，使衰退/退化的森林结构与功能逐渐恢复和完善；针对天然林中的不合理采伐干扰，采取保护应对措施，使衰退/退化的森林生态系统得以逐渐恢复和健康发展。对于人为难以控制的自然干扰（如病虫害、火灾、雪/风害等），应加强应对策略研究，找出异常自然干扰与全球变化的关系，控制可能加剧全球变化的人类活动；制定针对不同自然干扰类型、强度、频度的应对措施，确保森林生态系统在异常自然干扰下受到的冲击最小。另外，加强干扰与衰退/退化森林生态系统的诊断、评价和生态恢复理论与技术研究，对森林的衰退/退化现状进行辨析与诊断，建立森林衰退早期诊断或森林衰退的风险评价理论与技术体系，为森林恢复提供技术支撑。

3. 避免林业建设中的技术失误，加强现有森林的经营管理

森林经营对策包括实施森林资源监测和评价；以天然林保护为核心,实现分类定向经营；

在人工造林、恢复森林植被过程中，应充分地利用自然力量，发展近自然林业；合理、适度地综合开发、利用森林资源，在保护物种多样性的前提下发展森林经济；加强森林经营管理理论与技术研究，包括退化森林的更新恢复与重建，低产、低质、低效天然次生林的生态恢复，根据林分结构特征，按照近自然森林培育思路，建立混交林、复层林培育体系，探讨不同类型林分树种配置方案与经营技术措施体系。

5.3　森林重要生态功能区资源环境承载力评价指标体系

依据森林区资源环境承载力的特点以及前人的研究成果，同时遵循上述原则，在大量调查研究和试验研究的基础上，经过反复分析筛选，将森林区资源环境承载力指标体系分为生态支撑力指标和社会经济压力指标两个亚层（表 5-1）。两大指标下又分为亚类指标，各亚类指标又可分为具体的初始指标（朱教君和李凤芹，2007）。

表 5-1　森林重要生态功能区资源环境承载力评价指标体系

目标层	要素层	准则层	指标层
森林型地区资源环境承载力	生态支撑力	自然驱动力	年均降水量
			年均温
			病虫害发病率
			火灾发生率
		生态结构	人均林地面积
			活立木蓄积量
			森林覆盖度
			森林郁闭度
			水资源量
		生态功能	森林生产力
			水源涵养量
			固碳吐氧量
			土壤抗侵蚀能力
	社会经济压力	资源能源消耗	森林采伐量
			人造板年产量
			栲胶年利润
			中草药采集加工总产值
			林业总产值
			旅游业总产值
			采矿业总产值
			人口密度
			城市人口比
			人均 GDP
			森林抚育量
		环境污染排放	农用化肥量
			工业"三废"排放量
			生活污水排放量

5.3.1 森林重要生态功能区生态支撑力指标体系构建

自然驱动力、系统结构和功能既影响资源环境系统自身的相对稳定性，而且又对社会经济活动强度和人口数量、质量等方面都有着重要的支撑作用，因此这3个因素是影响资源环境承载力的主要因素。

1）自然驱动力

在自然生态系统中，自然驱动力反映没有经过人类作用的自然生态系统的自我平衡能力，是区域资源环境承载力和自然、社会与经济复合系统的研究基础，是自然生态系统的本底值，主要包括系统的地形地貌、气候条件等。

2）生态结构

生态结构是生态系统的构成要素及其时空分布和物质能量循环转移的途径。是可被人类有效控制和改造的生物群落结构。不同的生物种类、种群数量、种的空间配置、种的时间变化具有不同的结构特点和不同功效，它包括平面结构、垂直结构、时间结构和食物链结构四种顺序层次。系统的结构是功能的基础，调整系统结构，是对环境资源合理开发与利用的重要手段，在区域资源环境承载力的研究中，一般将生态结构作为承载力的重要部分，对生态系统的支撑能力进行评价。

3）生态服务功能

生态系统服务功能，是生态系统为人类提供资源供给，提供环境场所，提供生存基本条件等，支持与维持地球的生命支持系统，以及生物物质的地球化学要素的循环和水分转移循环等，维持生物物种的遗传多样性，维持环境的平衡与稳定的能力。但是这些功能中人们只利用了很小的一部分，生态系统在对社会经济发展提供支持作用的同时，人类却通过一些不合理活动包括森林采伐、草地破坏等人类干扰破坏生态系统服务功能，但又通过退耕还林、人工造林等生态建设活动来弥补生态功能的退化，社会经济发展是实现对生态系统及其服务功能的削弱又增强。因此，需要综合考虑研究区各生态系统的现状、资源的空间异质性，以及它对区域发展的稀缺性等因素，针对不同生态系统的特点，构建研究区生态服务功能与价值评价体系和综合评估方法。此外，生态服务功能持续供给是衡量生态承载效果的标准，是衡量人类活动与生态系统之间协调度的条件，是通过生态系统支撑社会经济可持续发展的基本保障。一个地区的资源环境承载力以及人类影响作用的变化，会影响到整个生态系统发展，也会导致生态系统服务功能的变化，

5.3.2 森林重要生态功能区社会经济压力指标构建

资源环境承载力大小不但受资源、环境子系统供容能力、系统调节能力影响，而且与人口增长、社会经济发展关系密切，同等技术条件下，经济增长越快，生活质量要求越高的人群对资源环境系统的压力就越大，相应系统承载力会越低。概括来说，社会经济系统的影响因素主要从人口、经济和社会三方面进行考虑。当然，资源环境承载力也会因人类活动内容的不同而有所改变。通过合理的产业布局，改变人类活动的内容，将污染较重的企业转移到资源环境承载力相对较大的区域，可以提高资源环境较为敏感地区的承载力；改变人们的消费方式和生活方式，提高人们对环境资源价值、资源环境掠夺式开发和浪费会导致社会经济的不可持续发展的认识；加强宣传教育，普及可持续发展的意识。这些也可提高资源环境承

载力。此外，科技进步也能够提高人类利用自然的能力，从而使同样的资源环境条件支撑更多的社会经济活动。

资源环境与社会经济发展相互影响，具有较大的相关性，一方面社会经济的发展要求资源环境为之提供良好的物质基础和环境条件，另一方面，传统的粗放的资源利用方式又加快了资源环境的耗竭和污染，其主要包括两个方面：一是对自然资源的过度开发超过了资源的更新速度和合理的承载量，造成资源的破坏和浪费，影响环境质量；二是在资源利用过程中，向环境排放污染物超过了环境容量，导致环境污染和生态破坏。而资源破坏和环境污染反过来又直接制约着社会经济的进一步发展。因而要实现可持续发展，必须注重协调资源环境与社会经济发展的关系，使经济发展速度控制在资源环境承载能力范围之内。

5.4 典型森林生态系统类型区资源环境承载力指标研究

内蒙古大兴安岭林业主体生态功能区总面积 10.67 万 km^2，森林面积 8.17 万 km^2，活立木总蓄积 8.87 亿 m^3，森林蓄积 7.47 亿 m^3，居全国国有林区之首，是我国最大的集中连片的寒温带明亮针叶林，7146 条河流和多处湿地是黑龙江和嫩江的发源地（张子彬，2014）。2010 年第二次全国湿地资源调查统计，内蒙古大兴安岭林区湿地总面积 120.31 万 hm^2，占林区面积的 12.29%；390 种野生动物、1848 种野生植物构成了生物多样性；8.17 万 hm^2 的森林是巨大的碳汇基地，每年至少吸收二氧化碳 2200 万 t；一个巨大的天然氧吧，每年至少释放氧气 1920 万 t。其森林生态系统在涵养水源、保育土壤、碳汇制氧、净化环境、保护生物多样性等方面发挥着不可替代的重要作用（衣龙娟，2014）典型森林生态系统类型区位置图如图 5-2 所示。

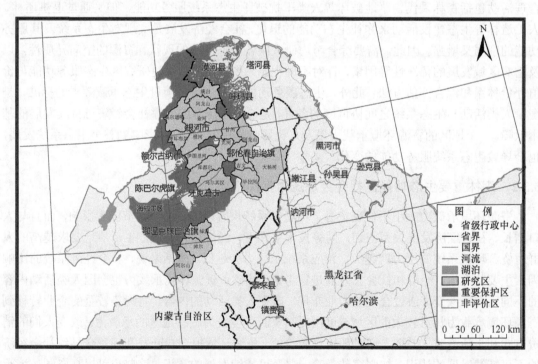

图 5-2 典型森林生态系统类型区位置图

5.4.1 自然生态概况

1. 地形地貌

内蒙古大兴安岭地区的地貌主要分为山地和丘陵两种类型。林区北部以断块状褶皱中低山为主，是我国高纬度地区，属于常年冻土区；林区中南部属于剥蚀低山、火成岩中山、褶皱低山。

1）山地

内蒙古大兴安岭地区呈北低南高、东低西高地貌，山势总体比较平缓，15°以内的缓坡占80%以上。阳坡比较陡峭，阴坡比较平缓。主山脉呈明显的不对称性，东侧较陡，西侧与内蒙古高原毗邻处的海拔高度为600~700m，东侧与松嫩平原交界处的海拔为200m，这表明呼伦贝尔市大兴安岭地区高出内蒙古高原仅400~500m，而高出松嫩平原则达800~1000m。

2）丘陵

内蒙古大兴安岭地区丘陵介于森林山地与松嫩平原向山地发展区域。东侧多波状丘陵，主要呈东北—西南向延伸。丘陵区海拔高度在400m以下，相对高差较小，为100~200m。丘陵顶部广阔而平坦，坡度在5°~20°之间。阴坡有森林生长，属于阔叶次生林，主要树种有蒙古栎、黑桦、山杨和白桦等。阳坡草本、灌木植被密布，主要有杂草类和植物榛等。

3）河谷

内蒙古大兴安岭地区，河谷宽广开阔而浅平，呈V形，河流多弯曲。越接近河流上源，河谷越窄，在河流的下游地区，河谷广阔平坦。河谷两侧一般不对称，向阳侧多为悬崖，向阴坡比较缓平。在溪流上游河谷，沼泽地很普通。较大的河流普遍分布在2~4级阶梯上，这里排水较好，多为草甸，沼泽不发达。

2. 气候特征

内蒙古大兴安岭地区地处欧亚大陆中高纬度地带，属于温带大陆性季风气候区。受大兴安岭山地的阻隔，岭东和岭西的气候有显著差异。岭东气温和雨量较大，属于半湿润气候；岭西山地寒冷湿润，属于半湿润森林草原气候。森林区冬季在极地大陆气团控制下，气候严寒、干燥；夏季受副热带高压的海洋气团影响，降水集中，气候温热、湿润。冬季漫长而严寒，夏季短暂而湿热，春季多风而干旱，秋季降温急骤常有霜冻。

内蒙古大兴安岭地区的气温，自1996年以来，年平均气温为−0.1℃，年平均最高温度6.4℃，年平均最低温度−6.5℃。年平均气温较过去有所上升。林区最冷月平均气温：山地为−31~−24℃，岭东为−22~18℃，岭西为−28~22℃，林区大部分地区极端最低气温在−40℃以下。根河、图里河气温最低。林区最热平均气温为：山地为16~18℃，岭东为20~21℃，岭西18~21℃。极端最高气温可达37℃以上。

林区雨量线大体与大兴安岭山体平行，受地形和季风活动影响，降水量由岭东到山地到岭西递减。1996年以来，林区年平均降水量372.2mm，年平均蒸发量1122.6mm，平均相对湿度63.9，湿润度为1。

3. 水文特征

呼伦贝尔市大兴安岭地区河流密布，分为两大水系。以大兴安岭山脉为界，岭东的河流流入嫩江，称嫩江水系；岭西的河流流入额尔古纳河，称额尔古纳水系。林区境内有大小河流 7146 条，总长度为 34928km。水资源总量 161 亿 m^3。其中一级支流 100 条，二级支流 884 条，二级以下支流 6400 条。林区有长 30km 以上河流 135 条，总长 9443km。境内最长的河流为诺敏河，其次是激流河；林区河网发达、溪流众多，但缺乏形成湖泊的自然条件，因而湖泊甚少。林区共有湖泊 226 个，总水面面积仅 2655.5hm^2。10hm^2 以上的湖泊仅 46 个，其中 100hm^2 以上的有 5 个，且都是由于火山活动形成的。最大的湖泊是毕拉河林业局的达尔滨湖，面积 352hm^2，其次是阿尔山林业局的松叶湖，面积 314hm^2，另外 3 个 100hm^2 以上的湖泊均在阿尔山境内；林区地下水补给来源充足，地下径流畅通。山地、丘陵区含水岩层为中生代火山岩和海西期花岗岩的原生裂隙，有利于地下水富集。基岩裂隙含水带厚度 20～150m，埋藏深度 0～30m，在局部构造破碎带和裂隙带形成下降泉，溢出地表。

4. 土壤与植被概况

内蒙古大兴安岭地区地带性土壤自北向南水平分布，主要可分为：棕色针叶林土、黑土、暗棕色森林土、灰色森林土、黑钙土，在河谷、河阶地及平缓洼地分布着非地带性土壤草甸土和沼泽土。林区土壤的垂直分布不太明显，北部棕色针叶林土主要分布在海拔 800～1500m，灰色森林土分布在海拔 900～1200m，暗棕壤分布在海拔 800m 以下，黑土分布在海拔 750m 以下，黑钙土分布于谷地和阶地，而沼泽土和泥炭土分布于河谷以及低洼处。南部棕色针叶林土分布在 900～1700m，灰色森林土分布于 900～1200m，暗棕色森林土分布于海拔 500～900m，非地带性土壤草甸土、沼泽土分布于海拔 900m 以下，黑钙土多分布于海拔 800m 以下。

呼伦贝尔市大兴安岭地区植被在区划上属于欧亚针叶林区，是欧亚针叶林沿着山地向南延伸的一部分，具有典型的寒温型针叶林带特征。由于地形及海拔的变化，林区植被的垂直分布呈现一定的规律性。以林区奥克里堆山为例：海拔在 1350m 以上为偃松矮曲林带，海拔在 800～1350m 之间为针叶林或针阔混交林带，海拔在 800m 以下为针叶疏林、灌丛沼泽、草本沼泽。林区植被水平分布受经度及地形影响，呈现一定的规律。自北向南分布规律是：针叶林带—针阔混交林带—阔叶林带逐渐过渡。自西向东分布规律是：森林草原带—阔叶林带—针阔混交林带—针叶林带—针阔混交林带—山地夏绿阔叶林带。

5. 森林资源状况

1）各类森林、林木蓄积

2010 年年末林管局生态系统功能区活立木蓄积为 76749.31 万 m^3。在活立木蓄积中，有林地蓄积为 72461.74 万 m^3，占活立木总蓄积量的 94.4%；疏林地蓄积为 155.7 万 m^3，占活立木总蓄积量的 0.2%；散生木蓄积为 4131.64 万 m^3，占活立木总蓄积量的 5.3%。在有林地蓄积中，防护林蓄积 41484.33 万 m^3，占有林地蓄积的 57.3%；特种用途林蓄积 12420.8 万 m^3，占有林地蓄积的 17.1%；用材林蓄积 18556.61 万 m^3，占有林地蓄积的 25.6%。

2）各类森林、林木蓄积变化

2010 年资源档案数据与 2000 年相比，林管局生态功能区活立木总蓄积增加 7453.4 万 m^3，增长 10.76%。有林地蓄积增加 8656.62 万 m^3，增幅 13.57%；疏林地蓄积增加 16.86 万 m^3，增幅 12.14%；散生木蓄积减少 1220.18 万 m^3，降幅 22.8%。

10 年间，由于森林面积增加、森林质量提高等诸多因素的综合影响，活立木总蓄积、有林地，及疏林地蓄积呈增长趋势。

（1）活立木蓄积量持续增加。活立木蓄积增加的主要原因，一是有林地面积的增加，导致活立木蓄积的增加。二是森林培育力度加大，林木生长速度加快，林木生长量提高。林木平均总生长量为 2004.91 万 m^3，与上一个复查期的 1809.81 万 m^3 相比，增长了 195.10 万 m^3，增幅为 10.78%。

（2）有林地蓄积增加。乔木林蓄积年均净增率比活立木蓄积净增率高出 0.84 个百分点，其原因同活立木蓄积增加的原因基本相同。同时说明了复查期内在林业重点工程的带动下，森林资源管理工作的不断加强和森林采伐消耗的不断下降。尤其生态公益林的有效保护和快速增长，使乔木林蓄积量稳步增长。

3）森林质量情况

使用 2008 年全国第七次森林资源连续清查与 1998 年全国第五次森林资源连续清查相比较：

（1）有林地单位面积蓄积量变化。有林地平均每公顷蓄积量增加 4.49 亿 m^3/hm^2，由 88.55m^3/hm^2 增加到 93.04m^3/hm^2，其中：天然林由 90.32m^3/hm^2 增加到 93.39m^3/hm^2，人工林由 29.19m^3/hm^2 增加到 63.3m^3/hm^2。

（2）有林地单位面积株数变化。有林地平均每公顷株数增加 202 株，由 1002 株/hm^2 增加到 1204 株/hm^2。其中：天然林由 1014 株/hm^2 增加到 1201 株/hm^2，人工林由 611 株/hm^2 增加到 1308 株/hm^2。

（3）有林地平均郁闭度变化。有林地平均郁闭度变化幅度小，只增加了 0.01。

（4）平均胸径变化。有林地平均胸径有所下降，由 1998 年的 13.1cm 降至 12.6cm（赵宝顺，2013）。

5.4.2　社会经济状况

在 20 世纪 50 年代初，制材工业是林产工业的基础产业，锯材是林区林产工业开发最早的产品。1958 年，林区的人造板工开始萌芽；1952～1960 年，林区林产化工开始起步，先后建成小规模的木材水解酒精厂、活性炭厂、松香厂和栲胶厂等。20 世纪 50 至 70 年代林区开发林产工业，林区的产业结构一直是单一木材生产、单一所有制经济、单纯计划经济体制的"三个单一"的状况，林区为了促进林业经济发展，积极调整林区产业结构，实现木材生产、林产工业、多种经营产值各占社会总产值 1/3 的"三足鼎立"的局面。

5.4.3　大兴安岭资源环境开发利用现状

大小兴安岭地区经过 30 多年的开发建设，由于人们在经济活动中忽视了自然界对人类的影响，为了追求经济效益，过量采伐森林，而忽视了社会效益和生态效益，导致森林植被破坏，森林质量下降，地面风速增大，近地层气温、湿度改变，水土流失加重。

1. 生态环境受到破坏

大兴安岭是我国唯一的寒温带明亮针叶林群落，这里的千余种动植物都是千万年物种演化、选择的结果，形成了我国的寒温带生物基因库，一旦以森林为主体的原生态系统遭到破坏，将难以恢复和再生，目前该区生物多样性已经受到严重威胁。生态环境常常受到一些不确定因素的威胁。①火灾造成林木损坏，破坏生态。首先，山火每年发生，据统计自 1998 年以来林区每年都发生山火。其次，人为火的发生，由于工作和生活的需要，生产生活用火不可避免，稍有不慎或者防范不到，火就可能上山。②气候异常使林木遭受经济损失和虫害。干旱造成林木资源损失。自 2001 年开始，林区连年出现干旱，在林区东北部呼伦贝尔新右旗的克鲁伦河的草原母亲河也出现历史罕见的断流。因干旱林下野生的经济植物蕨菜、蘑菇等山野菜明显减少。近年来由于气候异常，在绰尔、绰源等林区发生有害生物：落叶松毛虫、白桦尺蠖、稠李巢蛾，危害落叶松、白桦、杨柳树、山丁子等树种。发生面积每年都在 0.33 万 hm^2 以上。③自然条件恶劣加剧了生态环境的脆弱性。大兴安岭地处高寒地区，土层瘠薄，林地生产力低，自然条件恶劣，主要树种落叶松自然成材期平均需要 110 年，加剧了生态环境的脆弱性。加之气候变化的影响，使得大兴安岭生态系统受到严峻的挑战。有研究表明：黑龙江省 1961~2003 年间气候变化对生态地理区域界线及当地森林主要树种分布的影响显著。在气温升高的背景下，黑龙江省温带与暖温带的热量界线向北撤并东移，寒温带与温带的热量界线则大幅度北移。同时，分布于大兴安岭的兴安落叶松、小兴安岭及东部山地的云冷杉和红松等树种的可能分布范围和最适分布范围均发生了北移。

2. 林木资源的消耗，生态功能减弱

大兴安岭林区开发建设以来，走的是一条以牺牲资源为代价支援国家建设和发展林区经济的道路。由于森林资源的过度消耗，大小兴安岭的生态功能明显减弱，其涵养水源、防风固沙、保持水土、净化空气的功能大为衰退，造成大面积的水土流失。邻近大兴安岭林区的农业县水土流失面积均在百万亩以上。素有"粮仓"之称的嫩江流域，耕地跑水、跑土、跑肥现象极为普遍，并常遭到灾害性大风、洪水、干旱的威胁。小兴安岭地区仅伊春市森林蓄积和可采成过熟林蓄积就由开发初期的 4.28 亿 m^3 和 3.2 亿 m^3 下降到 2.1 亿 m^3 和 610 万 m^3。森林植被覆盖率由新中国成立初期的 80%以上下降为目前的 75.7%，采育严重失调。近 10 年，我国积极实施天然林保护工程和人工防护林种植，大小兴安岭地区的森林覆盖率和森林蓄积量都有所回升，但依然存在森林质量下降的问题。

3. 草地生态系统受到威胁

大兴安岭山地草原化植被是该区域地带性植被——混有阔叶树的寒温带针叶林逆行演替的产物。由于干旱阳向山坡土层薄，土壤贫瘠，生长其上的森林植被一经被破坏就很难恢复，加之蒙古草原干旱气候及草原植物区系的影响，使得大兴安岭的阳向山坡形成了呈小片分布的山地草原化植被。草地是大兴安岭整体生态环境的重要组成部分，它较森林生态系统、湿地生态系统更具脆弱性，草地生态系统一旦遭到破坏，将直接面临土地荒漠化，草原与森林生态系统最大的不同是土壤中的含碳量占地上部分的 2/3，草地一旦遭到破坏，将会有大量的碳释放到大气中，碳汇将变成碳源（于瑞安等，2006）。

5.5 重要资源环境承载力指标释义

5.5.1 自然驱动因子

自然驱动因子是指森林区生态系统在没有受到人类干扰的本底状况，主要包括年降水量、年均温和地区平均高程。气候和地形地貌因素对森林生态系统的健康发展具有重要的生态意义。

1）降水量

降水量是衡量一个地区降水多少的数据，一个地区的年总降水量就是年降水量，可以反映生态系统潜在生产力的大小。

2）年均温

年均温的大小直接影响植被的光合作用的效率，因此可以反映生态系统潜在生产力的大小。

5.5.2 生态结构

1）森林覆盖度

森林覆盖度是指一个国家或地区森林面积占土地面积的百分比。在计算森林覆盖率时，森林面积包括郁闭度 0.2 以上的乔木林地面积和竹林地面积。森林覆盖率是反映森林资源的丰富程度和生态平衡状况的重要指标。

2）森林郁闭度

森林郁闭度是指森林中乔木树冠遮蔽地面的程度，它是反映林分密度的指标，以林地树冠垂直投影面积与林地面积之比，以十分数表示，完全覆盖地面为 1，简单说，郁闭度就是指林冠覆盖面积与地表面积的比例。

5.5.3 生态服务功能

植物净第一性生产力是指绿色植物在单位面积和单位时间内通过光合作用所固定的能量或生产的有机物质数量，以此来确定植物的气候生产潜力。

1）涵养水源能力

涵养水源能力是指森林凭借自身庞大的树冠、厚实的枯枝落叶层以及颇为发达的根系，能够起到良好的蓄水保水作用。普遍认为，在有森林的情况下，降水会被充分蓄积和重新分配，森林的林冠层、枯枝落叶层和地下土壤层等通过拦截、吸收、蓄积降水，涵养大量的水源。

2）土壤抗蚀性

土壤抗蚀性是指森林通过减少土壤侵蚀，减轻泥沙沉积和保持土壤肥力等过程使生态系统内的土壤得到保护，由于受气候条件、下垫面状况等的影响，我国自然因素土壤侵蚀类型主要包括水力侵蚀、风力侵蚀、冻融侵蚀和重力侵蚀等。

3）固碳吐氧能力

森林生态系统通过光合作用和呼吸作用与大气物质的交换，主要是二氧化碳和氧气的交换，即生态系统固定大气中的二氧化碳，同时增加大气中的氧气，这对维持地球大气中的二氧化碳和氧气的动态平衡，减少温室效应，以及提供人类生存的最基本条件有着巨大的不可替代的作用。

第 6 章　草原重要生态功能区资源环境
承载力评价指标

6.1　概述

6.1.1　草原重要生态功能区的概念

重要生态功能区是指对于维护我国生态系统结构和功能起到关键作用的区域,其首要目标是保证生态系统的结构稳定和功能完善的地区。关于草地重要生态功能区的概念,在本书首次提出,界定草地重要生态功能区是以草地生态系统为主导的重要生态功能区,草地生态系统是草原地区生物(植物、动物、微生物)和草原地区非生物环境构成的,进行物质循环与能量交换的基本机能单位(图 6-1)。草地生态系统在其结构、功能过程等方面与森林生态系统具有完全不同的特点,它不仅是重要的畜牧业生产基地,而且是重要的生态屏障。草地生态系统分布在干旱地区,动植物种类较少,在不同的季节或年份,降水量很不均匀,种群密度和群落的结构也常常发生剧烈变化。在进行重要生态功能区资源环境承载力评价的过程中,根据评价区的土地利用类型所占比例,界定出评价区的核心生态系统类型是森林生态系统、草地生态系统、湿地生态系统还是复合生态系统,依据不同类型生态系统的功能和状态选取适宜的指标。

图 6-1　草地重要生态功能区景观图

草地生态系统有其重要的经济和生态作用：

1）经济效应

草地生态系统是重要的畜牧业生产基地。草地生态系统生长着许多营养价值高、适口性强的牧草，为重要的牲畜放牧场。能提供肉、奶、皮、毛等大量的畜产品，有特有的经济功能。

2）生态效应

草地生态系统是重要的生态屏障，调节气候；防止土地被风沙侵蚀。2000年10余次袭击北京的沙尘暴、西部大开发的沙化、长江的洪灾等许多重大问题，使我们许多人认识到草地的生态功能其实更重要、更突出。

针对草原区域的自然经济及社会的特点，系统承载力主要应强调的是系统的承载功能，更突出的是对人类活动的承载能力，其内容应包括资源子系统、环境子系统和社会子系统，所以草原区域生态系统承载力要素包含资源要素、环境要素及社会要素。所以，草地生态系统的生态承载力概念适合于如下的定义，即某一时期某一草原区域，在确保资源的合理开发利用和生态环境良性循环发展的条件下，草地生态系统可持续承载的人口数量、经济强度及社会总量的能力。

从草原区域草地生态系统承载力定义可以看出，承载力实际上反映的是人与草原系统的和谐、互动及共生的关系，所以人与系统的关系理论是草原区域草地生态系统承载力研究的理论基础，可以作为衡量某一区域可持续发展的重要判据。

草原区域草地生态系统是一个存在人类经济活动的开放性系统，它必然与外界存在物质流、能量流、信息流、货币流及其他生物流。根据许多研究者对承载力的理解，以及通过分析草地生态系统的特征，而得出如下草地生态系统承载力的主要特点：

（1）资源性。草原区域草地生态系统是由各种物质组成的，而且对经济活动的承载能力也是通过物质的作用而发生的。从物质的特性而言，草原生态承载力就是表征草地生态系统的资源属性。

（2）客观性。草地生态系统通过与外界物质、能量、信息的交换，保持着结构和功能的相对稳定，即在一定时期内系统在结构和功能上不会发生质的变化，而系统承载力是系统结构特征的反映，所以，在系统结构不发生本质的变化的前提下，其质和量的方面是客观的，是可以把握的。

（3）可变性。这个特点主要是由草业生态系统功能发生变化引起的。系统功能的变化一方面是自身的运动演变引起的，另一方面是与人类的活动开发目的有关。系统在功能上的变化，反映到承载力上就是在质和量上的变异，这种变异通过承载力指标体系与量值变化来反映。表明人类可通过改变草地生态系统的客观功能改变草地生态系统承载力。

（4）可控性。草地生态系统生态承载力具有可变性，这种可变性在很大程度上可以由人类活动加以控制。人类在草原经济活动中应有目的地寻求生态限制因子，并降低其限制强度，以使承载力在量和质上向人类预订的目标变化。但人类施加的作用必须有一定的限度，因此可以说承载力的可控性是有限度的可控性（邓波等，2004）。

6.1.2 我国草原现状

草原主导型生态系统在整个陆地生态大系统中占有重要的位置，它具有丰富的生物多样性、复杂的结构和多种功能，在整个自然界的物质循环、能量交换以及保护、维护自然生态平衡过程中起着不可替代的作用。但是随着全球范围内社会经济的快速发展，草地资源供需关系紧张，生态环境日益恶化。草地保护与恢复受到各国政府和国际组织的重视，对于经济发展落后的国家来说，发展经济与改善生态环境同等重要。

草地资源是全球陆地绿色植物资源中面积最大的再生性自然资源，是发展畜牧业的物质基础，是陆地生态系统的重要组成部分，在自然生态平衡与人类活动中发挥着重要的作用（Scurlock and Hall，1998；谢高地等，2001）。中国有草地面积约 4 亿 hm^2，占总国土面积的41.7%，约为耕地面积的 3.2 倍，森林面积的 2.5 倍，其中西藏、内蒙古、新疆、青海四大牧区草原面积占全国草原面积的 65%。

我国各地城市经济和农村经济近十多年来取得了较大的发展，社会生活也发生了巨大的改观。但相比之下，绝大多数的以草原为主导的区域居民相对还过着贫穷的生活，社会生活实质上的变化微乎其微，同样存在着严重的"三农"问题，这种发展的不平衡一方面给我国各级政府形成了巨大的压力，但另一方面也为草原区域的社会追求经济繁荣，社会进步产生巨大的推动力。在这种情况下，草原区域社会如何实现可持续发展，在提高人口生活质量的同时，保持草原区域生态平衡，就成了一个重要课题。

我国天然草原主要分布在西部干旱、半干旱和高寒地区，该区域经济相对落后、贫困面大，是我国贫困人口集中分布的区域，天然草原是牧区广大农牧民赖以生存和发展的基本生产资料，由于自然生态环境的脆弱、超载过牧和滥垦乱采等人为因素的影响，造成天然草原大面积退化、沙化，致使植被覆盖度降低、地表裸露、干热、风沙危害加剧以及沙尘暴天气频繁发生，成为我国严重的生态问题之一，制约了草原畜牧业可持续发展和农牧民收入的稳定增加。

任继周（1999）的草原生态经济区理论，概括了草地生态系统的系统特点，可以认定草原区域草地生态系统是一个由自然环境—生物—社会经济共同形成并协调发生作用的复杂巨系统，是一个有序列、有结构的统一整体。所以，草原区域的可持续发展实质就是草地生态系统的可持续发展。

草原区域草地生态系统承载力作为可持续发展的一个普适判据，在定性与定量上进行深入的研究，可以有效地揭示草原区域发展中存在的问题，分析这些问题产生的原因，对未来草原区域发展可能造成的影响等。由此才能提出具有针对性和可操作性的协调人口、资源、环境与社会的途径及对策。草原区域草地生态系统承载力的研究，不仅可为牧区的可持续发展研究提供新的切入点，也可为政府部门提供可持续发展的重要决策的理论支持。

研究草原区域草地生态系统对人们活动的承受能力，使人们的活动对自然资源环境造成的压力不超过区域生态系统对人们活动的承受能力，这就要求对区域生态系统承载力理论进行较深入的研究，为区域可持续发展提供科学的依据。目前，沿海地区与草原牧区经济发展的差异较大，为了使我国经济从整体上能得到可持续的发展，国家明确提出"开发大西部"的战略方针。这就意味着中西部地区将迎来一轮大规模的经济开发活动，在这大规模开发之初或前期，对中西部地区的草原区域生态系统承载力进行研究，探明各地区区域生态系统对人类活动支持能力的差异，将会对生产力的宏观布局起到非常重要的指导作用。

此处讨论的干旱区草原以北方蒙古高原干旱草原区、甘新宁干旱荒漠、山地草原区和黄土高原草原区为主，包括内蒙古、新疆、甘肃、宁夏、陕西五省（自治区）。这是我国北方最主要的草原牧业省份，共 219 个县，符合《联合国防治荒漠化公约》定义的干旱县（旗）就达 215 个，土地总面积 3327343 万 km²，天然草地面积 151912261 亿 hm²，占该类地区土地总面积的 45.66%；占全国干旱半干旱草地面积的 67.90%，占全国草地总面积的 37.98%。其可利用草地面积 1.26hm²，占北方五省（自治区）草地总面积的 83.24%。北方干旱区草地面积分布如表 6-1 所示（卢欣石，2007）。

表 6-1　北方干旱区草地面积分布省统计表

地区	干旱县	县总数	土地总面积/km²	天然草地面积/hm²	可利用面积/hm²	理论载畜量/（养只/a²）
全国	469	2862	4777059	223717835	185423666	113701861
内蒙古	72	73	978233	72415210	58920267	37360393
陕西	12	12	57169	1753694	1616505	1540759
甘肃	31	32	33017	14702335	13011624	6041372
宁夏	16	16	51102	3155082	2726457	1387910
新疆	84	86	1910822	59885940	50482401	34037100
五省份合计	215	219	3030343	151912261	126757254	80367534

6.2　草地重要生态功能区生态问题分析

6.2.1　草地生态系统的主要特点

1. 分布规律明显，地带性强，区域间差异极大

中国北方干旱区草原区绝大部分处于大陆性气候区，其分布主要受水分条件制约的地带性影响，与水分状况的地带性变化相一致，基本沿东北-西南走向的数条年均等雨线，自东北向西南呈倾斜的经向地带性分布，依次表现为温性草甸草原类草地、温性草原类草地、温性荒漠草原类草地、草原化荒漠类草地、温性典型荒漠类草原地带。新疆北部由于受西来湿气流的影响，水分状况有由西向东递减的特征性，但总体仍是干旱荒漠气候，草地类型呈现山地草甸、山地草原和山地荒漠草原的地带性分布。总体规律为热量由东向西逐渐增加、水分条件由东向西递减，草地类型则由温性草原逐渐向温性荒漠过渡，气候干旱，冬季寒冷、不宜农、林，适宜草地畜牧业。

2. 气候环境造成草地资源季节性不平衡

北方干旱地区水热分布的特殊性，造成干旱区草原牧草生长高峰在 7 月、8 月、9 月，枯草期达 6～7 个月，枯草期的牧草营养物质含量比青草期下降 50% 以上，再加上冷季草地面积小，而放牧时间长，缺乏可供冷季放牧的人工草地、可供割晒干草的割草地，因此冷季缺草成为我国草地利用中最大限制性因素。按季节草地平衡，北方和东部传统草地牧业区，冷季草地载畜量已超载 50%，少数地区已超载 1～1.5 倍，暖季放牧期短，适于暖季放牧利用的草地面积大，因此各地暖季放牧草地基本不超载或有一定载畜潜力。冷季草地和暖季草地地区分布不平衡、载畜量不平衡的矛盾，普遍存在于北方温带区和高寒草地区，特别是新疆和内蒙古西部尤为突出。

3. 水资源贫乏加剧了草原干旱特征

干旱草原区的水资源包括地表水、土壤水和地下水，主要由降水、高山冰雪融水补给。据防治荒漠化及防沙治沙工程建设调研专题——防治荒漠化紧迫性分析材料估算，干旱区年均水资源总量约 2350 亿 m^3，平均为 7 万 m^3/km^2，远远低于全国平均数（36 万 m^3/km^2），其中地表水年均 2024 亿 m^3，不足全国的 8%。每公顷耕地平均占有地表水 11921m^3，为全国耕地平均占有量的 45.3%；地下水资源约 1135 亿 m^3，占全国年均地下水资源量的 14.2%。作为我国干旱区主体区域的西北地区，水资源仅占全国的 10.0%，地均水量仅为全国的 23.6%，耕地平均占水量仅为全国的 58.1%。

4. 草地生态系统波动大，脆弱性强

北方干旱区草地生态系统脆弱、稳定性差、敏感性强，抗外界干扰能力弱，易受外界因子的干扰，自我恢复与调节能力差，向非期望状态演变趋势明显，人为调解的可能性和幅度都很小，一旦超载过牧，易造成退化，并难以恢复，对家畜的种类、数量的增减和管理方式的不当，都将造成草与畜的矛盾和不平衡。《中国可持续发展战略报告》（1999—2000 年）的区域评价结果中，内蒙古被列为中等脆弱性地区，浑善达克、阴山南北麓和黄河中上游的内蒙古区段为极脆弱类型，属中国生态环境最差的地区（卢欣石，2007）。

6.2.2 我国草地重要生态功能区存在的主要问题

1. 草原荒漠化严重

西部地区涉及内蒙古、新疆、陕西、宁夏、甘肃、青海、四川、重庆、西藏、贵州、云南、广西 12 个省（区）。土地总面积 6.75 亿 hm^2，其中草原面积 3.31 亿 hm^2，约占土地总面积的 49.04%；草原面积占全国草原总面积的 84.10%。其中，西藏自治区草原面积最大，达 0.82 亿 hm^2，占全区土地总面积的 68.1%；其次是内蒙古自治区，草原面积达 0.79 亿 hm^2，占全区土地总面积的 68.81%；第三位是新疆维吾尔自治区，草原面积达 0.57 亿 hm^2，占全区土地总面积的 34.68%。西部地区草原"三化"（退化、沙化、盐碱化）的态势仍非常严峻。截止到 2006 年，西部地区草原 90% 出现不同程度地退化，其中中度以上退化草原达 1.3 亿 hm^2，并且每年以 200 万 hm^2 的速度递增，退化年均扩展速度达 0.5%。草原因鼠害造成的鼠荒地已达 0.13 亿 hm^2。西部地区退化草原主要集中分布于北方草原带、西部荒漠草原及荒漠区山地草地。青藏高原高寒草原，特别是河流两侧的湖滨谷地等地形平坦，水热条件较好的冬季草地和割草地已普遍退化。内蒙古草原退化率由 20 世纪 60 年代的 18.00% 发展到 80 年代的 39.00%，90 年代达到 60.08%，2000 年前后已达到 73.15%（沙化、退化面积占可利用草原面积的比例），说明内蒙古草原的区域性整体退化已经成为不争的事实。2004 年呼伦贝尔草原覆盖度降到历史最低值 65.2%，较 20 世纪 80 年代的最高值 85.1%，下降约 20 个百分点。截止到 2005 年，我国的荒漠界线较 60 年代初向东部草原带推移了 50km；青藏高原中部河谷草原带向山地湿润的草甸带推进了约 100m；新疆荒漠区盆地的荒漠向山地草原带推进 100～200m。一些县乡因环境恶化或鼠害严重，部分牧民难以摆脱贫困被迫迁移，出现了"沙（鼠）进人退"和生态难民的现象（张苏琼，2006）。

2. 草原面积逐渐缩减

西部地区人工草地和改良草地的建设速度年均为 0.3%，建设速度赶不上退化速度。尽管随着缺水草地、无人区草地的开发，草原可利用面积在局部地区还会有所增加，但草地资源总的发展趋势是减少的。西部地区每年大约增加草原 130 万～135 万 hm^2，而消失草原 200 万 hm^2，草原面积每年以 65 万～70 万 hm^2 的速度减少。仅内蒙古、新疆草原面积较 20 世纪 60 年代初减少近 20 万 hm^2。1984～2005 年甘肃省甘南藏族自治州（以下简称甘南州）天然草原面积减少了 7.33 万 hm^2，减幅达 13%，其中，约 20%的草原被开垦为农田和饲料地，25%的草地被居民点、公路、矿区及城镇建设所占用，55%的草原因严重退化、沙化和盐碱化而成为裸地。

3. 草原植被覆盖度降低、质量下降

西部草原原生植被总体呈退化演替，植物群落结构特征发生变化，稳定性降低，覆盖度下降，物种丰富度指数基本上随退化演替程度的加深而减少，且退化越严重，物种丰富度指数越低。西部地区的重点牧区草原牧草平均高度由 20 世纪 70 年代的 50～70cm 降至 2005 年的 10～25cm，平均产草量由 1500kg/hm^2 降至 645kg/hm^2。西部天然草原植被的破坏，使草原草种趋于单一化，毒杂草增加，优质牧草减少，草种、草群结构发生剧变，稳定性降低，生物多样性受到严重破坏。西部地区已有 15%～20%的植物种类受到威胁，高于世界 10%～15%的平均水平。甘南草原由于"三化"使植物群落结构发生了明显变化，优良牧草所占比例由 20 世纪 80 年代的 70%下降到 90 年代的 45%；毒害草由 30%上升到 55%；牧草产草量由 5610kg/hm^2 下降到 4500kg/hm^2。据测定，甘南亚高山草甸在未退化时，植被盖度为 80%～95%，多样性为 29.1 种/m^2；中度退化后植被覆盖度为 45%～65%，多样性为 22 种/m^2；重度退化后，草地覆盖度小于 45%，多样性仅为 8.7 种/m^2。

4. 水资源日渐枯竭

草原生态环境的恶化，使草原涵养水源的能力下降，导致河流径流量减少、小溪断流、湖泊干涸、水位下降、水土流失加剧。甘肃甘南州沼泽草甸因连年干涸而使盐碱化和草丘化湿地面积由 1982 年的 6.89 万 hm^2 减至 2005 年的 3.40 万 hm^2；黄河干流在玛曲境内补给的水量占黄河总水量的 45%左右，因生境退化和降水量减少，补给量减少了 15%左右。"天然乐园"的尕海湖 1995 年、1997 年、2000 年出现干涸。甘南州干旱缺水草原面积已扩大到 44.67 万 hm^2，占全州天然草原面积的 17.4%；缺水人口达 18 万人，占全州人口的 28%。青海湖流域的沙丘和流沙面积已达 765km^2，沙化最严重的海北州海晏县滨湖沙区面积达 695km^2，其沙化面积占青海湖环湖地区沙化面积的 80%以上；青海湖水位自 1999 年开始每年以 13cm 的速度下降，而且这一趋势正在日益加剧。据研究，一般草地的水土流失率仅为农田的 1/100，裸地的 1/1000。由于地表植被覆盖度降低，草原涵养水源能力减弱，造成水土流失的加重。甘南州水土流失面积由 20 世纪 80 年代初的 8000 万 hm^2 扩展到目前的 11805 万 hm^2，增长了 47.6%。黄土高原的部分草原受水土流失之害而成为裸地。

5. 自然灾害频繁

西部草原自然灾害频繁，危害严重。我国每年春季或春夏之交均发生沙尘暴。特大沙尘

暴 20 世纪 60 年代发生 8 次，70 年代 13 次，80 年代 14 次，90 年代增至 23 次，2000 年以后就更加频繁。沙尘暴多发生于西北与内蒙古中西部降水稀少的干旱半干旱沙质草原和沙质荒漠区，在土壤已解冻，草原植被和农作物尚未返青或刚返青，地表裸露、疏松，加之多风气候季节形成，这与草原生态环境的破坏有密切关系。新中国成立以来内蒙古、新疆、西藏、青海、四川、甘肃共发生大、中雪灾 60 多次，旱灾 26 次，每年受灾面积约 500 万 hm^2 以上。1966 至 2005 年因灾害死亡牲畜 2 亿只（头）以上，约相当于同期出售的商品畜数量，直接经济损失 200 亿～300 亿元。新中国成立以来国家累计用于新疆、内蒙古、青海、西藏、四川等主要牧区的救灾经费约 45 亿元，牧民用于抗灾保畜方面的投工约为 2 亿～3 亿个。

6. 影响经济社会持续性发展

天然草原的退化引发了一系列严重的社会经济和生态问题。草原生态环境恶化，草原生产力降低，影响到草原畜牧业健康发展，加剧了贫困程度，加大了地区间贫富差距；草原面积减少、土地荒漠化、土地后备资源匮乏，缩小了生存与发展的空间，加剧了经济和社会发展的压力；草原植被破坏、"三化"草原加剧，降低了草原生态功能的作用，开垦撂荒、超载过牧等加剧了干旱、洪涝、沙尘暴等各种自然灾害造成的损失。草原生产活动主要是植物向动物产品的转化，严酷生境下的放牧体系生产的动物产品是贫困地区农民主要的生活资料，草原生态环境日趋恶化，已成为制约社会、经济可持续发展的主要"瓶颈"，对人类的生存与发展构成了严重威胁，加快西部地区草原生态保护建设刻不容缓。（张苏琼和阎万贵，2006）。

6.2.3 草地重要生态功能区生态问题的主要原因

1. 气候变异

气候暖干化趋势是导致西部地区环境恶化、草地退化的根本原因之一。温度和水分的不同组合对于地表面各种自然地理成分和自然地理过程起着决定性的控制作用，它们是决定陆地生态系统性质的最重要的因素。对植物而言影响其生长的主导因子是水分，辅助因子是气候和光照，光、热、水成为直接左右植物群落生长发育的能源因素，植物生态系统对气候过程的反馈，就是通过草地类型的变化来和环境相适应。气候持续干燥、寒冷，都有可能使植被萎缩、荒漠化扩大的趋势得以持续。灾害频繁也是引起草原退化和生态恶化的一个重要自然因素。受厄尔尼诺现象、大气污染和二氧化碳温室效应等因素的影响，气候呈暖干化趋势。1959 年至 2008 年西北地区平均气温变化是 20 世纪 50 年代最暖，60 年代和 70 年代相对低温期，70 年代末期开始呈波动上升趋势，90 年代比 80 年代上升了 0.45℃，90 年代之后上升更明显。从 20 世纪 50 年代至 2008 年气候变暖呈现出 3 个显著特点：①纬度较高的地区气温升高的幅度大于纬度较低的地区；②气候变暖会改变区域降水量和降水分布格局；③气候变暖使蒸发量加强。青海省气象研究所对青南高寒草甸秃斑地形成的气象条件分析中指出，青南高寒草甸地区年平均气温呈上升趋势，以 60 年代至 80 年代为例，每 10 年升高 0.2～0.5℃，夏季气温呈显著增高趋势，80 年代比 60 年代升高 0.8～1.0℃。但在牧草返青期气温回升速度以每年 0.08℃的速度递减；牧草枯黄期气温降低速度又以每年 0.05℃的速度加大降温幅度。气温上升使冰川消退，雪线上升，冻土层下降，土壤冻融侵蚀严重，水土流失加剧。气温升高，普遍导致蒸发量增多。青南牧区年均气温升高 1℃时，年蒸发量增多 99mm，甘南牧区为114mm，锡林郭勒盟为81mm，伊犁牧区为132mm。降水量也呈现出减少趋势，如青南牧区降水量的变化趋势是年降水量和秋季降水量保持相对稳定，冬季降水量呈明显增多趋势，夏季降水量呈逐年减少的趋势，90年代夏季降水量较60年代减少了25mm，且降水量与平均气温之间存在反向关系，影响了植物的正常生长发育，牧草生育期提早或推迟，干物质积累减少，生产力下降，草原生态逆向演替。干旱多风，刮走草地表土，同时飞扬的沙土聚积低洼草地，使牧草根系裸露或牧草被掩埋，加剧了草地的沙化。

2. 人为因素

长期以来向草地生态资产无限索取的人为因素是草地生态的主要破坏因素，强度开发，滥垦撂荒，草原被无计划地开垦为农耕地。据内蒙古、新疆、青海、黑龙江等10个省（自治区）统计，近20多年累计开垦草原680万hm^2，其中大多是水草丰美的各类放牧草地和割草地。草原被开垦撂荒，经全国农业区划办公室遥感调查，1986～1996年，内蒙古、新疆、甘肃、黑龙江4省（自治区）开垦了194.1万hm^2草地，其中49.2%被撂荒。内蒙古鄂尔多斯市的40%沙化土地源于被开垦的草地，造成了"农田吃草原，风沙吃农田，草原被沙化"的严重局面。由于无节制抽采地下水和大面积垦荒，新疆塔城盆地中央的库鲁斯台大草原已风光不再，南湖湿地干涸，草甸植被大面积枯死，草原沙化。新疆因上游绿洲农业超量用水，30年来已使下游340万hm^2草原和荒漠植被萎缩，沦为沙漠。内蒙古、宁夏黄河河套等灌区灌水不当，使绿洲边缘草原发生次生盐渍化。

3. 超载过牧

过度利用在放牧条件下，草原植物群落特征是与放牧强度紧密相关联的。超载过牧或放牧过轻是草食动物对草地的压力行为和草地对于放牧负荷行为的综合反映，其实质是植物生产系统与动物生产系统之间的系统相悖，表现为时间相悖、空间相悖和种间相悖。不合理的放牧常带来植物群落的退化演替，造成草地性能质和量的下降，制约草地畜牧业的发展。家畜过度放牧是草地退化的主要原因。天然草原多年来一直处于20%～30%的超载状态，宁夏、内蒙古西部、青海、甘肃等地的部分草原超载量大于50%，草原不堪重负。例如，甘南州草原理论载畜量620万个羊单位，实际载畜量910万个羊单位，超载47%。四川甘孜牧区牲畜超载率为34.8%，阿坝牧区超载率为74.8%。超载过牧使优良牧草不能正常发育，加剧了草原退化、沙化，形成了恶性循环。部分草原失去了利用价值，成为沙地、裸地或盐碱滩。目前家畜单位平均占有的草地面积已低于国际上公认的载畜临界线［载畜量临界线为畜均占有草地不低于5hm^2/（牛·a）］，放牧压力加重的趋势有增无减。西部牧区居民点周围的草原90%以上已长期超载过牧。不管在任何放牧制度下，载畜量增大都将使丛生禾草向矮生禾草演替，并使牧草再生能力降低，而且牧草叶量、分蘖数、株高和总生物量均下降。在放牧影响下，草原植被结构、生产力、生物学特点等均发生变化，超载导致植被覆盖度降低、植株生长矮小，复苏更加困难，地表裸露；草原可食牧草逐渐减少，而毒杂草和不可食草大量滋生蔓延，使土地生产能力下降。人们不断地在草原上大量樵采、挖灌木、滥挖药材、搂发菜、开矿、淘金和滥猎，破坏草原植被和生态平衡，也是致使草原退化、沙化不可忽视的原因。仅内蒙古因滥挖、滥搂破坏的草原面积已达1270万hm^2，其中400万hm^2已沙化，内蒙古西部每年消耗5亿kg草地灌木，相当于2000km^2的草原灌丛和荒漠灌丛被砍伐（张苏琼和阎万贵，2006）。

6.2.4　草地重要生态功能区保护与建设

1. 落实草地承包责任制

在稳定草原牧户使有权的基础上，全面落实草地承包到户经营责任制，将所有草地长期承包到户，在此基础上实行草地有偿使用制度，树立"草地有主、放牧有界、使用有偿、建设有责"的新理念，调动农牧民保护和建设草原的积极性。积极推行定载畜量，定出栏率，定使用费，定提留；统一建设公共设施，统一改良畜种和开展防疫，统一抗灾保畜，统一进行技术指导和服务，统一管理公共积累的"四定五统一"措施，因地制宜地制定和实施草原保护与建设、草地利用等相关的规范、规程和标准。

2. 实行以草定畜控制载畜量

减轻放牧压力是实现以草定畜、草畜平衡的关键。放牧强度大小直接影响草地的退化程度。Li 较全面地研究了内蒙古典型草原在不同放牧条件下的植物种类组成、生活型谱和种群特性及其生产力的变化，发现适度放牧下草原生产力具有补偿或超补偿性生产的现象，且草原植物多样性最高。对高寒草甸牧场最优化放牧强度研究认为，藏系绵羊经济效益最大的轮牧草地放牧强度的最佳配置为夏秋牧场 3.53 只/hm^2，冬春牧场 3.26 只/hm^2，而夏秋牧场和冬春牧场的草地面积比例为 1：1.6。实现草畜平衡，从宏观上引导牧民走以草定畜的道路。实行草畜平衡制度，重点是根据草地的多少和草地质量，提出牲畜饲养的要求，做到有多少草，养多少畜，优先保证基础母畜和种公畜的安全越冬，并由草原主管部门核定科学合理的草地载畜量，严禁超载过牧，对违法超载行为依法处罚。对牧民开展宣传和教育，使以草定畜的政策深入人心。在草原分等分级的基础上，根据不同等级草地的产草量，制定草地放牧标准。实行草原流转制度。

3. 建立人工草地

在海拔相对较低和地下水位相对较浅或降水量较充足的缓坡地带，将一部分严重退化的天然草地或退耕地和撂荒地或低产田建设为人工草地，既可以极大地提高草地生产力和草地质量，也可以加快草地恢复。牧草品种选择是建立人工草地的关键环节，根据种植越冬率、产草量、牧草品质、利用年限和种子生产等指标进行综合评价，选择适宜的草种。进行适宜的牧草种子技术处理，如应用保水剂、稀土微肥、增产菌、根瘤菌、生根粉等拌种。实行牧草单播或禾本科与豆科牧草混播。混播人工草地较单播草地，不仅产草量高，而且牧草品质好。注重人工草地的利用方式、利用频率和利用时间。

4. 加强草原建设

气候暖干化趋势应引起政府和全社会的高度重视，各级政府像抓"天保"工程和退耕还林（草）工程一样，抓好牧区的草原保护和建设，加大草地保护和建设资金投入的力度。在草原地区开展人工降水，调整草地畜牧业发展战略。结合西部大开发战略的实施，组织实施好退耕还草、天然草地保护、无鼠害示范区、草地围栏等工程建设。采取增设人畜饮水点、修牧道等措施，开发利用西部地区的 4300 多万 hm^2 后备草地资源。围栏封育、改良补播和人工种草，是西部地区生态环境建设的最有效措施之一。加强以人工种草、飞播牧草、草原改良为主要内容的草原建设、节水灌溉配套设施建设和棚圈建设，促进天然草原休牧、轮牧制度及草畜平衡制度的实施。在沙地和沙漠边缘以草治沙，大力种植旱生、超旱生牧草与灌木，倡导草、灌结合，提高植被覆盖度，防风固沙，遏制草原沙化的趋势。在农区和半农半牧区推广粮草轮作，套种、复种牧草等农耕制度。改粮食—经济作物二元种植结构为粮食—经济作物—饲草（料）三元种植结构。利用冬闲地来增加饲草生产，补充秸秆营养不足；增加有机肥，形成以牧促农，农牧结合的经营模式。施肥、灌溉等措施可改善土壤的营养状况与水分状况，改进土壤的通透性，可以达到改良土壤、恢复草地的目的。施肥使优良牧草的适应性和竞争能力加强，占据了较好的生态位。施肥与封育后草地植物群落种类组成数量差异显著，建群种个体数量变化较大，生物产量高，群落演替速度快。灌溉和施肥可成倍增加产草量和提高牧草质量。在同等条件下进行灌溉和施用氮肥，人工草地好于天然草地。对天然草地进行补播改良是一项快捷、经济的重要措施。在选择适宜的草种及组合时，应遵循生态演替和植物间、植物与环境间相互作用及植物生态位的原理，防范因引种而造成植物间的激烈竞争，最终导致植物的逆向演替。补播改良可结合松土、浅翻耕等措施进行，效果更明显。推广围栏、住房、棚圈、人畜饮水、种草"五配套"，"种植一点、改良一块、保护一大片"，"生物治理鼠害"和良种、良料、良舍、良医、良法"五良"养畜方式等成功模式。

5. 实行禁牧、休牧和轮牧

冬春季禁牧能有效地保护植物，植物生长速度和植被覆盖度得到较大提高，是维护草地平衡的一项措施。冬季禁牧尤为重要，初冬植物新萌发的芽和幼嫩茎叶一旦被家畜啃食，将严重影响翌年植物返青和生长。对退化、沙化、盐碱化的草地的开发利用主要采取围栏和划区轮牧的方式，根据草地类型和牧草生长状况严格控制放牧频率、放牧时间及始牧期和终牧期，进行适度休牧，通过合理利用和保护措施使草地尽快得以恢复。对草原严重退化区、草原生态低载区、严重水土流失区、沙尘暴重发区和草原类自然保护区实施强制性的保护措施，应全面进行封禁，严禁放牧牲畜和乱挖乱采，同时在该区域实施生态移民。

转变经济增长方式，发展高效畜牧业。限制放牧动物的能量消耗，改善管理策略，提高转化效率。坚持品种改良，提高草地家畜良种化程度和家畜个体生产水平。调整优化畜群结构，提高畜群中适龄母畜的比例，提高出栏率，加速畜群周转。优化畜群结构是草地生态系统可持续经营的有力措施。例如，最佳能量输出的藏系绵羊存栏结构为：羔羊 1/3，1 岁后备母羊 1/6 弱；合理的性别比例为公母羊 5/6，羯羊 1/6 弱。实行牧区繁殖农区育肥，充分利用和发挥牧区、农区的各自优势，减少牧区冬春草地放牧压力，实现牲畜数量增长和质量提高，促进草地畜牧业持续性发展（张苏琼和阎万贵，2006）。

6.3 草地重要生态功能区资源环境承载力评价指标体系

6.3.1 草地重要生态功能区生态支撑力指标构建

自然气候条件是决定生态系统的决定性因素，气候要素的变化对生态系统变化至关重要。经过筛选甄别，遴选出年水量、年均温和平均海拔作为自然气候的表征因子，作为生态系统形成，发展变化的自然驱动要素。

在一定的气候条件下，生态系统的结构和功能状态能反映生态系统的特征及其健康状态。在本书中，针对草地生态类型区的特征、生态功能及初步的生态问题，分别遴选出表征生态结构及生态功能的指标（表 6-2）。

表 6-2 草地重要生态功能区资源环境承载力评价指标体系

目标层	准则层	要素层	指标层
典型草地生态类型区支撑力评价	生态支撑力	自然驱动力	降水量
			年均温
			平均海拔
		生态结构	叶面积指数
			植被覆盖率
			生物丰度指数
			景观破碎度
		生态功能	净第一性生产力
			水源涵养量
			固碳释氧量
			土壤侵蚀度
	社会经济压力	资源能源消耗	人口密度
			人均工业产值
			单位草地面积载畜量
			人均电量
			城镇化指数
			旅游开发强度
			耕地面积比
		环境污染排放	单位耕地面积农药化肥量
			地下水位变化指数

6.3.2 草地重要生态功能区社会经济压力指标构建

在研究和制定研究区生态综合承载力评价指标体系时，主要遵循以下几个原则：

1）完整性与主导性相结合

研究区指标体系应全面反映系统各个方面，不仅要有生态系统本身指标，还应考虑环境问题现状、人类社会压力和调控指标。同时因为影响生态系统的子系统和各要素之间作用存在差异，参与评价的贡献也有所不同，所以在对信息之间关系强弱区分上，应抓住主导因素，忽略次要因素，指标体系的建立和选择要针对该区域发展中面临的主要生态安全问题和主要矛盾，必要时舍弃那些与主要指标关系不密切的指标。

2）系统性和层次性相结合

作为一个完整生态系统，从系统的角度尽可能完整的选取代表其内部结构以及反映整体性功能的评价指标，同时也应根据生态系统复杂性特点（种类、分布特征、受控因素、成因机理都存在差异），指标体系应分解为一定层次结构，充分考虑评价全区与子区之间的层次关系，分层次拟定要素组合方式。

3）综合性与独立性相结合

研究区是一个复杂的"自然—经济—社会"复合生态系统，是子系统和要素相互作用的综合结果，承载力评价应综合全面，对评价数据和过程进行优化，所选的指标应该能覆盖自然、经济和社会各方面，从不同角度反映系统特征状况，保持各方面指标相对独立性的情况下，尽可能全方位地综合数据。

4）定性和定量评价相结合的原则

承载力研究趋势是由定性转为定量，但因为研究区的研究程度不高，并且较大范围生态综合承载力的量化难度较大，所以采取定性和定量相结合的评价方式，以定量分析为途径作为定性分析的数学表达，以定性分析的结果作为约束定量评价的框架（何政伟，2005）。

5）普遍性与特殊性相结合的原则

应结合前人承载力研究，选取有代表性的指标体系，有利于研究区承载力的综合研究的同时，也对其他地区有一定借鉴作用。同时也应结合区域特征特点，因地制宜，在大方向下可选取一些反映研究对象特点的指标，使之具有地区特色。

在资源消耗压力方面综合比较水资源、耕地资源、林业资源和草地资源承载压力指数，最终确定草原地区为草地资源消耗为主，主要包括耕地、草地载畜量的压力等指标；在人口压力方面选取人口密度、城镇化率为指标；环境污染选取化肥施用量为指标。

6.4 典型草地生态系统类型区资源环境承载力指标研究

6.4.1 自然生态概况

1. 自然地理特征

1）地理位置

内蒙古典型草地生态类型区位于内蒙古高原东部，地处 115º49′～120º42′E，38º44′～50º22′N，总面积 19.4 万 km²，其中重点生态保护区域面积为 9.7 万 km²。该地区主要生态功能为防风固沙和水源涵养。包括内蒙古自治区 14 个旗县，从北至南依次是新巴尔虎右旗、新巴尔虎左旗、科尔沁右翼前旗、突泉县、科尔沁右翼中旗、扎鲁特旗、科尔沁左翼中旗、科尔沁左翼后旗、阿鲁科尔沁旗、巴林左旗、巴林右旗、林西县，克什克腾旗以及多伦县，这几个旗县的草地覆盖面积占县域面积的 50%以上（图 6-2）。

2）地形地貌

内蒙古的地形以高原为主，高原从东北向西南延伸 3000km，地势由南向北、西向东缓缓倾斜。一般地区海拔 1000～1500m。内蒙古典型草地生态类型区主要包括呼伦贝尔市西部，兴安盟大部分及科尔沁区和赤峰市的部分区域。呼伦贝尔高原又称巴尔虎高原，位于大兴安岭西侧，为山地和丘陵所环抱。东与东南部地势较高，为中低山丘陵地带，海拔多在 700～1000m。中部为波状起伏的呼伦贝尔（海拉尔）台地高平原，位于中低山丘陵地带。兴安盟属中低丘陵地区，大兴安岭山脉以从西到东面的走向纵贯兴安盟西部。地貌形态可分为四个类型：中山地带、低山地带、丘陵地带和平原地带。中山地带处在兴安盟的西北部。低山和丘陵地带占据了全盟的大部地区。北部山区属于大兴安岭余脉，海拔 1000～1400 m。地势由西向东逐渐倾斜，海拔高度由 320 m 降至 120 m。南部和西部属于辽西山地北缘，海拔 400～600 m。赤峰位于内蒙古东南部，东北地区西端，是蒙古高原向辽河平原的过渡带。因此，研究区总体地势由北向南，由东向西逐渐降低。

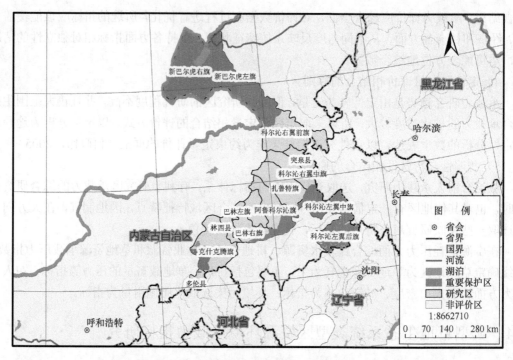

图 6-2　典型草地生态系统类型区位置图

3）气候特征

内蒙古东部草原防风固沙重要区具有复杂多样的形态，以山地和丘陵地貌为主，北部与浑善达克沙地相望，东临科尔沁沙地，是三北防护林的重要组成部分。该区以温带大陆性季风气候为主。有降水量少而不匀，风大，寒暑变化剧烈的特点。总的特点是春季气温骤升，多大风天气，夏季短促而炎热，降水集中，秋季气温剧降，霜冻往往早来，冬季漫长严寒，多寒潮天气。全年太阳辐射量从东北向西南递增，降水量由东北向西南递减。年平均气温为0～8℃，气温年差平均在 34～36℃，日温差平均为 12～6℃。年总降水量不足 400mm。蒸发量大部分地区都高于 1200mm。区域内日照充足，光能资源非常丰富，大部分地区年日照时数都大于 2700 小时。全年大风日数平均在 10～40 天，70%发生在春季。沙暴日数大部分地区为 5～20 天。

4）植被

该区域主要的植被是森林和草原，大部分地区森林覆盖率只有 20%左右，一些地区甚至不到 10%，且大部分均为人造林，退耕还林使得森林面积得以扩大。该地区植物种类繁多，树种资源有上百种。林区主要植物为：松桦、山杨、柞树和山杏等。其中山杏规模很大，是全国重要山杏核产区。扎鲁特旗的山杏林面积达 300 万亩，年产山杏核 250 万 kg 以上，号称"全国山杏第一林"。而草原覆盖率相对较高，许多地区达到了 60%以上。但是由于干旱、过度放牧等原因，草原退化严重，覆盖面积在不断地减小。另外，该地区野生植物资源种类繁多，在山坡谷涧和草原深处生长着许多珍贵的植物，可食用的有木耳、蘑菇、黄花、蕨菜等；中草药材有麻黄、防风、干草、柴胡、桔梗、赤芍、党参等 200 多种，现已利用的有50 余种（任佳静，2012）。

2. 典型生态大区内生态功能差异分析

该地区的主要生态功能为防风固沙和水源涵养（图 6-3 和图 6-4）。

由图 6-3 可知，水源涵养极重要的区域位于研究区中部的几个县域，因为这个区域是诸多水系的发源地。

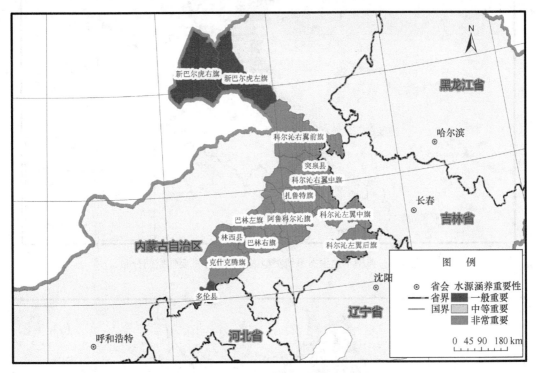

图 6-3　典型草地生态系统类型区水源涵养重要性空间分布

由图 6-4 可知，防风固沙区主要位于研究区南部和研究区北部的几个县域，研究区南部的几个县主要是由于土壤侵蚀造成的，而研究区北部的两个县主要是受沙漠化蔓延趋势的影响，同时还有盐渍化的影响。研究区中部虽然土壤侵蚀也比较严重，但是受沙漠化蔓延的影响较小，表现的防风固沙重要性也较低。

由图 6-5 可以看出，研究区南部位于河北省的几个县域土壤侵蚀脆弱性较严重，其次是位于中部的几个县域，而位于北部的新巴尔虎左旗和新巴尔虎右旗土壤侵蚀脆弱性基本不存在。这是由于位于河北省和研究区中部的几个县域的人类活动较多，土地资源开发程度大。而位于北部的两个县总体植被覆盖较高，人类活动较少。

从图 6-6 看出，该区的生态功能重要性极其重要，尤其是位于中部县域的水源涵养功能和分别位于南北部县域的防风固沙功能。防风固沙非常重要的区域主要分布在研究区北部及南部，北部区域靠近呼伦湖，是盐渍化及沙漠化都极脆弱的区域。针对土壤侵蚀和沙漠化严重的区域，土壤保持显得格外重要，因此，土壤保持极重要区主要分布在南部沙漠化严重同时水资源不充足的区域。水源涵养重要区主要集中在研究区中部，该区域水资源量丰富，同时也是诸多水源的发祥地，该区与水资源相联系的植被覆盖较好，因此该区防风固沙的紧迫性不是很强。

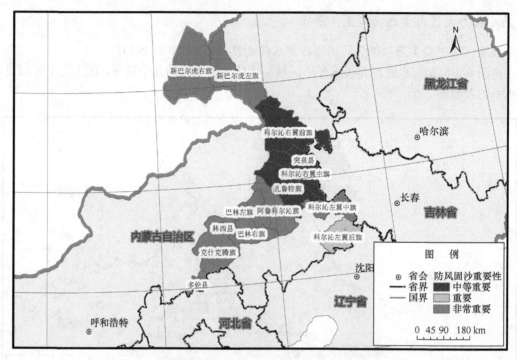

图 6-4　典型草地生态系统类型区防风固沙重要性空间分布

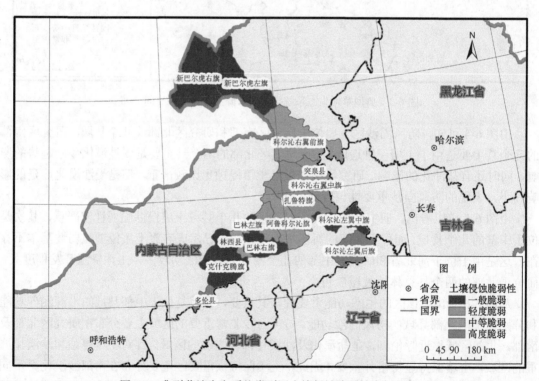

图 6-5　典型草地生态系统类型区土壤侵蚀脆弱性空间分布

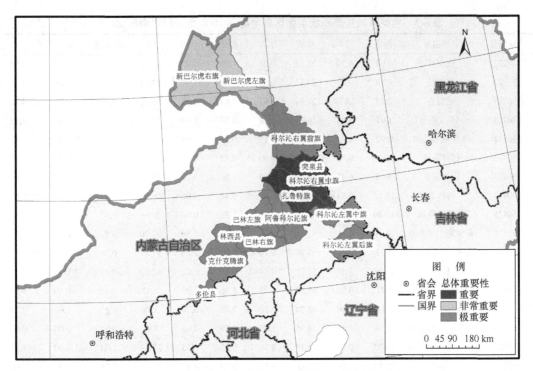

图 6-6　典型草地生态系统类型区总体重要性空间分布

3. 典型地区生态特征差异分析

该区历史上大部分地区属于森林草原地带，在漫长的岁月里，成为我国北方许多少数民族发源地，保持着较好的原生态状态。但是，随着气候趋向干旱，增大了该区的自然生态系统的脆弱性。同时，对草地资源的不合理开发利用加剧，开荒占草的规模越来越大，导致森林草地资源日渐减少，水土流失严重，生态环境出现了衰退的趋势。此外，人为活动致使鼠类天敌迅速减少，鼠害严重也造成草原的退化。该区生态环境衰退的主要形式为草原的退化以及沙漠化的发展。

经生态安全评价，全国识别出 23 个典型生态安全区。这 23 个分别承担着不同的生态功能，位于内蒙古东部的草原带主要生态功能为水源涵养和防风固沙。这个典型区在人类活动的干扰下，其自然状态已发生一定的改变，以农耕地的开垦和牧草区的扩大。这个典型区是以草地生态系统为主导生态系统类型，因此需要进一步分析该生态系统类型的特征。

由研究区 2000 年和 2010 年的土地利用组成表（表 6-3 和表 6-4）可知，研究区大部分县域植被覆盖率较高，以草地覆盖类型为主。但是位于河北的 4 个县（张北县、康保县、沽源县和尚义县）的植被覆盖率普遍较低，而旱地面积比例较大。位于内蒙古而植被覆盖率较低的几个县也是旱地覆盖面积较大，说明这些县的人类活动主要以农耕为主。草地覆盖面积最高的是位于研究区北部的两个旗：新巴尔虎左旗和新巴尔虎右旗，而且这两个旗的草地覆盖面积由 2000 年的 77.73% 和 83.82% 分别增加到 2010 年的 85.53% 和 89.74%。

表 6-3　典型草地生态系统类型区各个县 2010 年土地利用面积比　　　　（单位：%）

县域编号	县域名称	森林	灌木	草地	水体	湿地	水田	旱地	聚居地	荒漠地	裸地
130722	张北县	0.93	4.70	24.62	0.21	1.29	0.00	67.51	0.55	0.00	0.19
130723	康保县	0.48	0.00	20.13	0.20	0.37	0.00	78.34	0.31	0.00	0.17
130724	沽源县	2.55	13.79	21.31	2.63	0.64	0.00	58.32	0.32	0.00	0.43
130725	尚义县	1.91	5.84	36.21	0.28	0.57	0.00	51.87	0.16	0.00	3.16
150421	阿鲁科尔沁旗	9.92	1.84	70.11	0.19	0.17	0.01	15.42	0.33	0.00	2.02
150422	巴林左旗	21.46	0.80	54.52	0.00	0.12	0.00	21.92	0.81	0.00	0.37
150423	巴林右旗	9.70	6.45	68.65	0.03	1.60	0.00	10.07	0.67	0.00	2.82
150424	林西县	15.15	0.84	55.42	0.00	0.40	0.00	26.98	0.62	0.00	0.60
150425	克什克腾旗	19.40	0.72	68.71	0.85	1.26	0.00	6.36	0.17	0.09	2.43
150521	科尔沁左翼中旗	3.10	0.16	15.60	0.93	0.12	4.34	68.70	0.82	0.02	6.22
150522	科尔沁左翼后旗	7.33	0.01	43.76	0.10	0.29	2.20	37.87	0.36	0.49	7.58
150526	扎鲁特旗	17.08	5.47	27.35	0.44	0.13	0.02	47.60	0.49	0.00	1.42
150726	新巴尔虎左旗	4.41	0.01	85.53	5.25	1.06	0.00	2.02	0.10	0.10	1.54
150727	新巴尔虎右旗	0.14	0.00	89.74	1.58	7.38	0.00	0.08	0.15	0.00	0.93
152221	科尔沁右翼前旗	62.98	1.40	24.35	1.83	0.29	0.66	7.98	0.51	0.00	0.00
152222	科尔沁右翼中旗	16.73	0.03	53.19	0.80	0.35	0.35	22.44	2.04	0.00	4.07
152224	突泉县	79.13	0.00	7.65	0.47	0.38	0.51	8.07	3.79	0.00	0.00
152531	多伦县	0.36	4.67	67.06	0.06	0.39	0.00	25.83	0.47	0.00	1.17

表 6-4　典型草地生态系统类型区各个县 2000 年土地利用面积比　　　　（单位：%）

县域编号	县域名称	水田	旱地	有林地	灌木林	疏林地	草地	水域	城镇用地	沙漠	未利用土地
130722	张北县	0.00	80.40	1.26	0.83	0.17	11.43	1.81	0.21	0.00	3.88
130723	康保县	0.00	79.33	1.00	0.37	0.03	15.63	0.60	0.37	0.00	2.68
130724	沽源县	0.00	61.46	0.97	2.15	0.30	22.75	0.94	0.21	0.00	11.23
130725	尚义县	0.00	60.33	2.06	8.21	3.07	24.02	0.32	0.08	0.00	1.90
150421	阿鲁科尔沁旗	0.11	15.09	0.61	14.16	0.88	58.86	0.71	0.35	4.96	4.26
150422	巴林左旗	0.00	29.57	6.39	18.16	0.96	42.92	0.26	0.43	0.44	0.86
150423	巴林右旗	0.00	8.96	1.74	6.17	0.89	69.12	1.92	1.24	6.50	3.47
150424	林西县	0.00	24.24	1.46	7.74	2.11	59.73	0.77	0.45	2.58	0.92
150425	克什克腾旗	0.00	6.60	5.51	2.32	1.20	77.98	1.41	0.04	2.61	2.33
150521	科尔沁左翼中旗	0.09	43.11	1.35	0.09	0.88	36.24	1.27	1.22	2.17	13.56
150522	科尔沁左翼后旗	0.74	22.06	0.76	0.83	0.29	53.50	1.56	0.61	9.58	10.07
150526	扎鲁特旗	0.10	13.64	6.71	8.20	1.48	62.35	0.24	0.70	1.50	5.08
150726	新巴尔虎左旗	0.00	2.08	3.25	1.32	3.73	77.73	2.05	0.12	0.81	8.92
150727	新巴尔虎右旗	0.00	0.33	0.01	3.81	0.13	83.82	8.50	0.06	0.29	3.08
152221	科尔沁右翼前旗	0.44	13.47	27.75	5.97	3.07	47.47	0.33	0.35	0.00	1.15
152222	科尔沁右翼中旗	0.74	17.69	3.46	6.86	0.16	55.59	0.30	1.03	0.82	13.34
152224	突泉县	0.47	47.15	4.21	13.15	0.07	31.60	0.62	0.60	0.07	2.06
152531	多伦县	0.00	28.05	0.06	2.22	0.11	54.88	0.55	0.36	9.02	4.74

6.4.2 社会经济概况

内蒙古是我国重要的农业和工业基地。其中农业在国民经济中占有很大的比重，农业经济增长较第二、三产业增长的慢，并且基础还不稳固，抵御自然灾害的能力还较弱。工业生产是该内蒙古的支柱产业，它依托丰富的矿产资源，实现了飞速发展，规模在不断扩大，经济效益明显提高。有色金属、煤炭、石油等工业带来了巨大的经济效益。与此同时，服务业在经济中的比重也越来越高，而且保持着较快的增长趋势。虽然经济发展速度较快，对自然资源和环境依赖性很高。

内蒙古地区生产总值由 1949 年的 7.08 亿元跃升至 2008 年的 7761.8 亿元，按可比价计算，2008 年经济总量比 1949 年增长 233 倍，年均增长 9.7%；人均地区生产总值由 1949 年的 118 元，升至 2008 年的 32214 元。1952~2000 年内蒙古第一产业的比重下降了 46.1 个百分点，第二产业和第三产业的比重分别上升了 28.4 和 17.7 个百分点。1978~2008 年，地区生产总值增长 29.8 倍，年均增长 12.1%。自 2002 年以来，内蒙古 GDP 总量在全国各省区市的位次为 16 位，西部第 2 位，人均 GDP 跃居全国第 8 位。

截止到 2009 年，内蒙古地区生产总值达到 9740.25 亿元，人均年生产总值 5897 美元，地方财政一般预算收入达到 850.86 亿元。2006~2009 年，经济总量年均增长 18.3%。2009 年，内蒙古生产总值中，第一、第二、第三产业的比重为 9.5∶52.5∶38.0。内蒙古农业、林业、牧业、渔业及农林牧渔服务业的构成为 46.6∶5∶45.9∶0.8∶1.7。2009 年，内蒙古粮食总产量为 1981.7 万 t，肉类产量为 234.06 万 t，牛奶产量达到 903.12 万 t，牛奶、羊肉、羊绒产量稳居全国首位。工业化进程不断加快。2006~2009 年，内蒙古规模以上工业增加值年均增长 27.1%，对经济增长的贡献率 60%。能源、冶金、化工、装备制造、农畜产品加工和高新技术六大优势特色产业的增加值占内蒙古规模以上工业增加值的 90%，是拉动工业生产快速增长的主要动力。服务业规模不断扩大，2009 年内蒙古服务业增加值由 2005 年的 1542.26 亿元增加到 2009 年的 3696.65 亿元，年均增长 15.7%。以信息传输、计算机服务和软件业，金融业，房地产业，租赁和商务服务业等为代表的现代服务业成为新的增长点，占服务业增加值的比重达到 21.7%。（刘雪梅等，2010；胡敏谦等，2010）。

由研究区的不同产业产值的比例可以看出（表 6-5、图 6-7 和图 6-8），2000 年及以前，研究区经济以第一产为主，第二产是产值最低的行业。10 年之后的经济结构发生了很大的变化，第二产已经成为了主导产业，同时第一产产值急剧下降，第三产产值还比较低。因此，该研究区的经济结构属于"第二、第三、第一"模式。这种"第二、第三、第一"的比例构成反映的是"偏重型"产业结构，以冶金、化工为主导产业得以优先发展的产业结构。这种类型产业结构的形成，主要源于中国建国初期的支援全国建设的政策，经历了 50 多年的发展以后，"偏重型"产业结构并没有随着时间的推移而向前演变和发展，而是有进一步"偏重"的趋势。其主要原因是，受中国目前的"重化工业阶段论"的影响和内蒙古一些地方政府的短期经济行为。在国家"重化工业阶段论"的大背景下，内蒙古也优先发展了重化工业。在产业梯度转移中，内蒙古在对待东部及沿海发达地区转移来的产业在产业梯度转移中，一些高耗能产业的引入和发展，使内蒙古的生态环境遭受到严重的破坏。

表 6-5　典型草地生态系统类型区经济发展概况汇总表

县域名称	经济结构						经济规模		
	2000 年			2010 年			2010 年	2010 年	2010 年
	一产/%	二产/%	三产/%	一产/%	二产/%	三产/%	人均国内生产总值/元	耕地面积/hm²	牲畜存栏头数/万头
阿鲁科尔沁旗	34	32	34	20	42	38	19340	110700	119.95
巴林左旗	39	27	33	21	47	32	18761	102785	106.86
巴林右旗	63	30	7	17	52	30	22644	88799	111.71
林西县	34	35	31	21	39	40	15575	79533	55.10
克什克腾旗	45	19	35	13	66	21	34582	74538	101.07
科尔沁左翼中旗	52	15	32	27	40	32	18773	293951	138.88
科尔沁左翼后旗	53	16	32	23	45	32	22458	210004	106.99
扎鲁特旗	51	20	29	19	57	24	35888	149040	191.40
新巴尔虎左旗	55	10	34	22	43	36	54141	26000	77.38
新巴尔虎右旗	61	8	31	7	77	16	132810	320	101.02
科尔沁右翼前旗	42	31	27	47	26	27	14145	353694	217.84
科尔沁右翼中旗	40	25	35	40	26	33	11828	301164	159.56
突泉县	59	24	17	41	36	23	12351	177657	64.72
多伦县	47	22	32	13	70	17	43977	50720	14.62

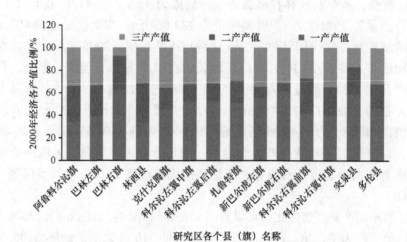

图 6-7　典型草地生态系统类型区内各县（旗）经济结构状态图（2000 年）

6.4.3　生态问题

1. 草原退化，土地沙化

　　研究区历史上大部分地区属于森林草原地带。在漫长的岁月里，成为我国北方许多少数民族发源地，保持着较好的原生态状态。但是随着自然气候的变化，干旱半干旱加剧，使该区的自然生态系统具有很大的脆弱性。又由于近代以来不合理的开发利用，开荒占草的规模越来越大，森林草原日渐减少，水土流失严重，生态环境出现了严重衰退的趋势。生态变迁主要表现为沙漠化的发展和草原的退化，其成因主要是人类活动导致生态衰退。受传统农牧

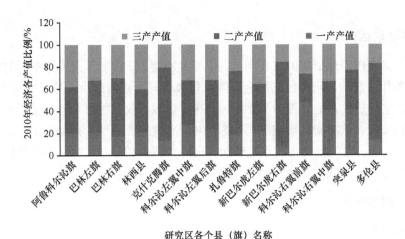

图 6-8　典型草地生态系统类型区内各县（旗）经济结构状态图（2010 年）

业思想影响，开荒造田、垦草种粮呈加重态势，草场超载严重，土地生产力下降，生态恶化趋势没有发生逆转。过度开垦和掠夺式地强度利用土地，引起大面积的水土流失和风蚀沙化。此外，人为活动致使鼠类天敌迅速减少，鼠害严重也造成草原的退化。以巴林右旗为例，1976～2000 年，草地退化面积达 1.89 万 km²，占原有草地面积的 3.55%。呼伦贝尔草原草场总面积 8.39 万 km²，可利用草场面积 7.07 万 km²。在 20 个世纪 80 年代以前，呼伦贝尔草原是我国保护相对完好的一块天然草地，被誉为"绿色净土"和"北国碧玉"。由于自然因素，草原自身生态条件十分脆弱，特别是近 10 年来连续干旱和超载放牧，致使草地生态系统遭受严重破坏，草原退化沙化的速度、程度和范围在不断加大，生态恶化趋势堪忧。退化草场面积已达到 3.55 万 km²，沙化面积 8763 km²，目前每年仍以 1%～2% 的速度在继续退化。草原退化导致其调节气候、涵养水源、防风固沙的功能下降，并导致某些稀有或敏感物种的消失。

2. 湿地退化

由于过度放牧，很多湿地实际载畜量为理论载畜量的数倍，草地退化、荒漠化日趋严重；气候干旱使得河水水量小，而且干旱周期在加长；该区域矿产丰富，已探明的有煤矿和数种金属矿，开采矿产，抽干地下水，使得地下水位降低。这些因素都导致湿地的缩减和破坏，使湿地生态功能、社会效益得不到正常发挥，抵御自然灾害能力丧失。湿地萎缩，生物多样性遭到不同程度破坏，丰水周期远不能恢复枯水周期所造成的破坏损失，这也是致使湿地萎缩生态环境逐渐恶化的主要原因之一（于国贤和王文华等，2006）。

6.5　重要资源环境承载力指标释义

对于任何一个生态系统，环境要素都是必不可少的，对于不同的生态不同环境要素的重要程度是不同的。因此需要先筛选出对于特定生态系统重要的控制要素。再根据 ES 概念模型在控制要素中选择对资源环境承载力产生影响的评价因子。对于草原型地区，草地面积及覆盖率对于生态系统保持和社会经济的支撑作用都是至关重要的。它既是压力层的表征，又是状态层的反映，同时是影响层的表征。

6.5.1　自然驱动因子

气候因素是我国草地形成的首要因素，主要是冷暖、干湿对草地的影响，北方温带草地主要受水分条件的制约。研究区东部区域降水量较多向西逐渐减少。热量资源由>10℃的连续积温表示，它是热量充足与否的重要指标，热量资源不仅直接影响着植被类型分布，而且还通过与水资源配合状况间接影响脆弱生态环境，水热配合不当，矛盾突出，气候炎热干燥，造成极度干旱。一个对气候变化比较敏感而其适应性较差的系统，容易遭受气候变化的影响而且恢复力较差，其承载力比较差。具体指标释义，见 4.7.1 小节。

6.5.2　生态结构因子

1）景观破碎度

景观破碎化是生物多样性丧失的重要原因之一，它与草场资源及生物多样性保护密切相关，计算公式见式（4-8）。

2）草地物种多样性

草地物种多样性对于维持草地生态系统健康及其稳定性至关重要。利用遥感手段获取草地物种多样性指数：

$$H = 0.111 \times PVI + 0.002 \times As + 2.103 \tag{6-1}$$

式中，H 为多样性指数；PVI 为垂直植被指数（由遥感影像提取）；As 为坡向。

NDVI（归一化植被指数），可以反映植被覆盖程度，利用遥感影响在 ENVI 或 ERDAS 软件支持下通过指令直接提取。

3）沙裸地面积比

土地是人类对生态环境作用的直接对象。土地覆被状况反映了人类对生态系统的开发利用水平，也是生态系统服务功能诸如生产功能、净化功能、生态防护功能等发挥所依赖的基础，决定了生态系统能为人类提供资源的能力。草地生态系统，最重要的人类干扰方式是放牧和农耕，因此放牧面积和农耕面积反映了人类的干扰程度。而草原近年来面临的草地退化和沙漠化问题限制了开发程度和经济发展，而且这种发展趋势不断加剧，负作用于区域承载力。

典型草地生态系统类型区隶属于防风固沙重要区，受人类活动和自身地理条件的影响，沙裸地面积呈现逐渐增加的趋势，因此沙裸地面积比对该区域的沙化程度具有极其重要的表征作用。沙裸地面积比主要从土地利用类型分布图中提取，主要为沙地与荒裸地面积之和与典型草地生态系统类型区面积的比。

6.5.3　生态功能因子

草地生态系统退化主要表现在草地覆盖率降低，生物量减少，生物多样性降低。从景观尺度上则是植被覆盖率降低，植被退化率增加，同时景观破碎度增加。这些因子能从宏观尺度反映生态系统状态，并反映人类干扰对其的影响。

1）土壤侵蚀危险度

为了表明某一地区或地类土壤潜在侵蚀危险程度的大小，根据该地区坡度、土壤类型、土地利用类型矢量图在 Arcgis 中叠加合成。

2）CFOR（固碳吐氧能力）

固碳：草地生态系统调节大气主要表现在吸收大气中 CO_2，同时向大气释放 O_2，对保持大气中 CO_2 和 O_2 的动态平衡、减缓温室效应以及提供人类生存的最基本条件起着至关重要的作用。

CO_2 的固定量及其价值目前计算固碳量的方法主要有 3 种：一是根据光合作用和呼吸作用的反应方程式 $6CO_2+12H_2O \longrightarrow C_6H_6O_6+6O_2+6H_2O \longrightarrow$ 多糖，以每形成 1kg 干物质需要 $1.62kgCO_2$ 干物质的净初级生产力来推算固定 CO_2 的量；二是实验测定草原每年固定 CO_2 的量，即实测法；三是根据数字模型估算草地生态系统每年固定 CO_2 量，其中方法一最为简便、易行，故被普遍采用。计算通式为

$$C = M \times S \times X \times 12/44 \tag{6-2}$$

式中，C 为固碳量，kg；M 为某类型草原单位面积产草量，kg/hm^2；S 为某类型草原的面积，hm^2；X 为某草原的固碳系数。

吐氧：O_2 的释放量和价值。草原释放氧气价值核算方法主要有造林成本法和工业制氧法。同样根据光合作用和呼吸作用的反应方程式推算，每形成 1kg 干物质释放 $1.2kgO_2$，然后应用造林成本法和工业制氧法两者的平均值估算释放 O_2 的价值。

计算通式为

$$O = M \times S \times X' \tag{6-3}$$

式中，O 为释放氧气的量，kg；M 为某类型草原单位面积产草量，kg/hm^2；S 为某类型草原的面积，hm^2；X' 为草原的释氧系数。

$$MC = \sum_{i=1}^{n}(M_i \times S_i) \times 1.62 \tag{6-4}$$

式中，MC 为区域固碳能力；M_i 为第 i 种土地利用类型单位面积储存的生物量；S_i 为 i 土地利用类型面积；1.62 为有机质与 CO_2 转化系数。

3）叶面积指数计算（LAI）

区域不同土地利用类型 LAI 计算（数据来源：土地覆盖/利用类型面积）：

计算公式为

$$L_i = W_i \times l_i \tag{6-5}$$

式中，L_i 第 i 种土地利用类型的叶面积指数值，m^2/m^2；l_i 如表 6-6 所示为第 i 种土地利用的权重值，W_i 为区域内第 i 种土地利用类型的比例。

表 6-6 土地利用类型平均 LAI

土地利用	耕地	果园	林地	草地	湿地	水体	建筑用地	其他
平均 LAI	3.0	3.0	5.0	2.0	6.5	0.0	0.5	1.0

4）净初级生产力（NPP）

叶面积指数（LAI）与净初级生产力（NPP）的形成有着极显著的线性关系（$R^2 = 0.307, P = 0.0001$），回归方程如下：

$$NPP = 0.5713 + 4.7271 \times LAI \tag{6-6}$$

式中，即区域内每一种土地利用的 NPP 为

$$NPP_i = 0.5713 + 4.7271 \times L_i \tag{6-7}$$

式中，NPP_i 为单位面积第 i 种土地利用类型固定的 NPP 值；L_i 为第 i 种土地利用类型的叶面积指数值，m^2/m^2。

不同土地利用类型单位面积生物量储存量计算（M_i）（以草原为例）：

草原生态的食物网相对较简单，营养级有 3 至 4 级。根据能量流动原理，能量在沿食物链流动的过程中有两个特点：单向流动和逐级递减。最著名的是 1942 年由美国生态学家林德曼对赛达伯格湖能量流动的定量分析。

假设在草地生态系统只有两级营养级，因此植食动物的"能量传递"为 0%，而都以生物量的方式储存在生物体中用于生长繁殖等，如表 6-7 所示。

表 6-7 能量流动定量关系分配比例表

营养级	能量输入	呼吸率	分解率	传递效率	生物量储存率
第一营养级（植物）	Q	21%		NPP（79%）	
			2%	14%	63%（M_1）
第二营养级（植食动物）	$Q1$	30%	3%	—	67%（M_2）

生物量计算方法如下：

为简化计算，假设区域均有两个营养级，且所有的土地利用类型固定的净初级生产力都向下一营养级以相同的比例进行传递。

进行根据前文计算结果，已求出第 i 种土地利用类型的 NPP_i，进而求对应的储存在植物中的生物量 M_{1i}。

$$Q = NPP/79\%; \tag{6-8}$$

$$M_{1i} = Q \times 63\% = (NPP_i/79\%) \times 63\% = 0.797 \times NPP_i \tag{6-9}$$

已知 NPP_i，能量传递效率（14%），求植食动物中的生物量（M_{2i}）。

营养级间传递效率为 14%，则输入植物动物中的总能量为 $Q_1 = Q \times 14\%$，则

$$M_{2i} = Q_1 \times 67\% = Q \times 14\% \times 67\% = (NPP_i/79\%) \times 14\% \times 67\% = 0.119 \times NPP_i \tag{6-10}$$

因此

$$M_i = M_{1i} + M_{2i} = 0.797 \times NPP_i + 0.119 \times NPP_i = 0.916 \times NPP_i \tag{6-11}$$

区域固碳吐氧能力计算：

$$MC = \sum_{i=1}^{n}(M_i \times S_i) \times 1.62 \tag{6-12}$$

式中，MC 为区域固碳能力；M_i 为第 i 种土地利用类型单位面积储存的生物量；S_i 为第 i 土地利用类型面积；1.62 为有机质与 CO_2 转化系数。

第7章 湿地重要生态功能区资源环境承载力评价指标

7.1 概述

7.1.1 湿地重要生态功能区的概念

湿地的定义主要有两类，一类是"广义的定义"，一类是"狭义的定义"。在"广义的定义"中，按照国际《湿地公约》的定义：湿地是指不问其为天然或人工、长久或暂时之沼泽地、湿原、泥炭地或水域地带，带有或静止或流动、或为淡水、半咸水或咸水水体者，包括低潮时水深不超过 6m 的水域。"狭义的定义"强调湿地的过渡性，将湿地定义为水、陆生态系统的过渡带（Mitsch and James，2000），意图将湿地生态系统与相邻的水体生态系统和陆地生态系统区分开来。

虽然目前国际上对于湿地还没有统一的定义，但湿地和湿地地区是有明确区别的。湿地是一种生态系统类型，在这个类型中，单元的自然特征具有一致性，在地域内呈分散分布状态。湿地地区是指以占优势的湿地景观来定义的，突出区域的主要特征，将执行湿地功能的区域与其他区域分开（殷书柏等，2010）。例如，鄱阳湖湿地是我国及国际上重要的生态淡水湖湿地，有别于陆地生态系统和水生生态系统，正常水位下，面积有 3914km²，属于研究中的"湿地"。而鄱阳湖国家自然保护区总面积为 224km²，位于鄱阳湖的西北角，横跨南昌、九江两市，永修、星子、新建三县和十六个乡镇，在保护区中，湿地类型所占的区域呈零星散落分布状态，属于研究中的"湿地地区"。湿地重要生态功能区景观如图 7-1。

图 7-1　湿地重要生态功能区景观

7.1.2 我国湿地现状

新中国成立初期就开展了湿地资源调查、泥炭沼泽以及生物多样性等方面的相关研究，但真正将湿地作为具有共同属性的生态系统加以管理和研究则始于 1992 年中国政府加入《湿地公约》以后。目前，中国政府已将湿地保护与合理利用列入《中国 21 世纪议程——中国 21 世纪人口、环境与发展白皮书》和《中国生物多样性保护行动计划》优先发展领域，并在 1995 年制定的《中国 21 世纪议程——林业行动计划》中，明确提出了湿地资源保护与合理利用的具体目标和行动框架。到 2002 年年底，中国在长江、黄河等七大流域共建立 535 个湿地类型保护区，总面积达 1600 万 hm^2，使近 40%的天然湿地和 33 种国家重点保护动物在保护区内得到有效保护（2003 中国环境公报）。按照《湿地公约》所确定国际重要湿地标准，中国在 1992 年有扎龙、向海、鄱阳湖、东洞庭湖、海南东寨港、青海鸟岛 6 块湿地列入国际重要湿地名录，后又增加香港米埔。2001 年中国又新增上海崇明东滩、江苏盐城等 14 处国际重要湿地，截至 2015 年，中国现有国际重要湿地 49 处，总面积达 405 万 hm^2（表 7-1）。中国湿地的国际合作与交流也非常活跃。目前国外许多先进的技术和方法已在中国的湿地保护工作中得到广泛应用，促进了中国湿地保护事业的发展。同时，中国已在湿地野生动物保护、湿地调查等领域以及与世界自然基金会、亚洲湿地局、联合国开发计划署、国际自然及自然资源保护联盟和湿地国际等国际组织建立了广泛的合作关系。1996 年 9 月，湿地国际中国项目办事处在北京成立，这是中国湿地保护对外合作的又一大成果。中国湿地保护的法制建设也有所加强。1992 年中国加入《湿地公约》后，中国政府制定了《中华人民共和国自然保护区条例》《中国 21 世纪议程》《中国湿地保护行动计划》等以及部分地方法规和部门规章，明确涉及湿地保护与合理利用问题。此时，"湿地"作为湿地类型土地资源的综合概念开始出现在我国湿地资源管理相关的部分法规和规章中。在我国现行的法规和规章中，明确湿地作为保护对象的包括《自然保护区条例》《野生动物保护法》和《环境保护法》等。此外，黑龙江、辽宁、云南和广东等省份在地方法规中也明确将"湿地自然保护区"列为重点保护区。至 2005 年，中国现行的资源环境法规已较全面的涉及湿地资源的各个类型，中国湿地资源管理立法工作已开始向专门化方向发展（孙志高等，2006）。

表 7-1　2015 中国国际重要湿地名录

序号	湿地	序号	湿地
1	黑龙江扎龙湿地	13	内蒙古达赉湖湿地
2	吉林向海湿地	14	辽宁大连斑海豹栖息地湿地
3	青海青海湖（鸟岛）	15	湖南南洞庭湖湿地
4	湖南东洞庭湖	16	湖南西洞庭湖湿地
5	鄱阳湖自然保护区	17	江苏大丰麋鹿国家级自然保护区
6	海南东寨港湿地	18	江苏盐城自然保护区
7	香港米埔—后海湾湿地	19	上海崇明东滩
8	后海湾湿地	20	湖南汉寿西洞庭湖省级自然保护区
9	黑龙江三江湿地	21	广东惠东港口海龟栖息地
10	黑龙江兴凯湖湿地	22	广西山口红树林
11	黑龙江洪河湿地	23	广东湛江红树林国家级自然保护区
12	内蒙古鄂尔多斯湿地	24	云南大山包湿地

序号	湿地	序号	湿地
25	云南纳帕海湿地	38	黑龙江七星河国家级自然保护区
26	云南拉市海湿地	39	黑龙江南瓮河国家级自然保护区
27	青海鄂凌湖湿地	40	黑龙江珍宝岛国家级自然保护区
28	青海扎凌湖湿地	41	甘肃尕海则岔国家级自然保护区
29	西藏麦地卡湿地	42	山东黄河三角洲国家级自然保护区
30	西藏玛旁雍错湿地	43	黑龙江东方红湿地国家级自然保护区
31	四川若尔盖湿地国家级自然保护区	44	吉林莫莫格国家级自然保护区
32	上海市长江口中华鲟湿地自然保护区	45	湖北神农架大九湖湿地
33	广东海丰湿地	46	武汉沉湖湿地自然保护区
34	湖北洪湖湿地	47	安徽升金湖国家级自然保护区
35	福建漳江口红树林国家级自然保护区	48	广东南澎列岛海洋生态国家级自然保护区
36	广西北仑河口国家级自然保护区	49	甘肃张掖黑河湿地国家级自然保护区
37	浙江杭州西溪国家湿地公园		

7.2 湿地重要生态功能区生态问题分析

7.2.1 湿地生态系统的主要特点

中国湿地类型多、绝对面积大、分布广、区域差异显著、生物多样性丰富。

1. 类型多

按照《湿地公约》对湿地类型的划分，31 类天然湿地和 9 类人工湿地在中国均有分布。中国湿地的主要类型包括沼泽湿地、湖泊湿地、河流湿地、河口湿地、海岸滩涂、浅海水域、水库、池塘、稻田等自然湿地和人工湿地。

2. 面积大

中国湿地总面积 5360.26 万 hm^2（另有水稻田面积 3005.70 万 hm^2 未计入），湿地率 5.58%。其中，湿地面积 5342.06 万 hm^2。自然湿地面积 4667.47 万 hm^2，占 87.37%；人工湿地面积 674.59 万 hm^2，占 12.63%。自然湿地中，近海与海岸湿地面积 579.59 万 hm^2，占 12.42%；河流湿地面积 1055.21 万 hm^2，占 22.61%；湖泊湿地面积 859.38 万 hm^2，占 18.41%；沼泽湿地面积 2173.29 万 hm^2，占 46.56%。

3. 分布广

在中国境内，从寒温带到热带、从沿海到内陆、从平原到高原山区都有湿地分布，而且还表现为一个地区内有多种湿地类型和一种湿地类型分布于多个地区的特点，构成了丰富多样的组合类型。

4. 区域差异显著

中国东部地区河流湿地多，东北部地区沼泽湿地多，而西部干旱地区湿地明显偏少；长江中下游地区和青藏高原湖泊湿地多，青藏高原和西北部干旱地区又多为咸水湖和盐湖；海南岛到福建北部的沿海地区分布着独特的红树林和亚热带和热带地区人工湿地。青藏高原具有世界海拔最高的大面积高原沼泽和湖群，形成了独特的生态环境

5. 生物多样性丰富

中国的湿地生境类型众多，其间生长着多种多样的生物物种，不仅物种数量多，而且有很多是中国所特有，具有重大的科研价值和经济价值。据初步统计，中国湿地植被约有101科，其中，维管束植物约有94科。中国海岸带湿地生物种类约有8200种，其中，植物500种，动物3200种。中国的内陆湿地高等植物约1548种、高等动物1500多种。中国有淡水鱼类770多种或亚种，其中包括许多徊游鱼类，它们借助湿地系统提供的特殊环境产卵繁殖。中国湿地的鸟类种类繁多，在亚洲57种濒危鸟类中，中国湿地内就有31种，占54%；全世界雁鸭类有166种，中国湿地就有50种，占30%；全世界鹤类有15种，中国仅记录到的就有9种；此外，还有许多是属于跨国迁徙的鸟类。在中国湿地中，有的是世界某些鸟类唯一的越冬地或迁徙的必经之地。例如，在鄱阳湖越冬的白鹤（Grusl，eueogeranus）占世界总数的95%以上（刘红玉，2005）。

7.2.2 我国湿地重要生态功能区存在的主要问题

湿地重要生态功能区生态问题是生态系统服务功能被破坏或者丧失。生态系统服务功能，是指生态系统与生态过程所形成及所维持的人类赖以生存的自然环境条件与效用。它不仅包括各类生态系统为人类提供的食物、医药及其他工农业生产的原料，更重要的是支撑与维持了地球的生命支持系统，维持生物物种与遗传多样性，净化环境，维持大气化学的平衡与稳定等湿地的生态服务效益。我国在湿地资源的保护方面尽管做了大量行之有效的工作并取得显著成绩,但目前对湿地资源的破坏和不合理利用所产生的生态环境问题仍然十分突出。

1. 湿地面积锐减，湿地景观丧失

尽管我国的土地资源非常丰富，但由于我国人口众多，人均土地资源却相对贫乏，因人口增长和经济发展所带来的土地资源需求压力非常巨大。目前，湿地农业开发、天然湿地用途改变和城市发展对天然湿地的占用等仍是造成中国天然湿地面积锐减的主要原因，特别是沿沼、沿海和沿湖地区，随着土地资源需求压力的增大，各类工农业用地和城市建设用地等都在向湿地要地，湿地景观丧失非常严重。在1978～2008年期间，中国湿地面积减少了约1.02万 km^2（表7-2）。但由于其中人工湿地增加了约11952 km^2，因此实际减少的自然湿地面积达1.13万 km^2。其中内陆沼泽减少55959 km^2，占全部减少湿地面积的49.37%；减少的河流和洪泛湿地占29.70%，达33670km^2；湖泊减少18507 km^2，占16.33%；滨海湿地面积减少5215 km^2。从湿地减少的速度看，1990年以前减少的湿地占30年减少量的65%；2000年之后，减少湿地只占全部减少湿地的6.56%。这3个时期内减少的速度分别为5523 km^2/a（1978～1990年），2847 km^2/a（1990～2000年）和831 km^2/a（2000～2008年）。我国北部内蒙古和黑龙江两省区的湿地面积持续减少，黑龙江省湿地减少的高峰期发生在 1990～2000年这一时期，内蒙古则发生在1990年之前（牛振国等，2012）。

表 7-2　中国 1978～2008 年湿地变化

类型	1978 年湿地面积/km²	湿地变化/km²		
		1978～1990 年	1990～2000 年	2000～2008 年
滨海湿地	13104	−1641	−2354	−1219
内陆湿地	286399	−67293	−33559	−7285
人工湿地	9792	2661	7439	1851
总面积	309296	−66273	−28475	−6652

2. 湿地资源衰退，生物多样性受损

湿地是全球服务价值最高的生态系统，其潜在价值难以估量。湿地也是自然界最富生物多样性的生态景观，它对于维系生物的生存和发展有着重要意义。当前，湿地资源过度开发、湿地生境破坏是导致湿地资源衰退、生物多样性受损的重要原因。就鱼类资源而言，尽管我国在重要的经济海区和湖泊实行休渔政策并对捕鱼工具有着严格的技术规定，但偷渔、滥捕的现象仍然十分严重。这不仅使天然经济鱼类资源受到极大破坏，而且也严重影响了这些湿地的生态平衡。目前，中国许多海域的经济鱼类年捕获量明显下降且种类单一、种群结构趋于低龄化。其他湿地如河流湿地、沼泽湿地等的资源和生物多样性同样也受到严重威胁。白鳍豚、中华鲟、达氏鲟和江豚等已成为濒危物种，而长江鲟鱼、鲥鱼、银鱼等经济鱼类的种群数量已变得十分稀少。由于湿地开发，湿地中人类活动频繁，特别是过度捕猎和拾卵捕雏现象非常严重，这就对水禽的生存和繁殖产生极大影响。中国的红树林由于过度砍伐，其面积已由 20 世纪 50 年代的 55 万 hm² 下降到 2012 年的 15 万 hm²。大面积红树林的消失使中国的红树林生态系统处于濒危状态，这不但使许多以其为生境的生物失去栖息地，而且也使其丧失防护海岸的生态功能。三江平原沼泽湿地系统因长期以来人类活动的加剧，其生物资源已处于过度开发状态。目前，该区湿地的绥草、大花马先蒿等已是濒危和稀有植物，而多见于林缘、灌丛和草甸中的东北龙胆，由于连年的采挖和湿地的大面积开发，其资源已日趋衰竭。中国南部海域的珊瑚礁由于多年来的过度开发也遭到严重破坏。海南作为中国最主要的珊瑚礁区之一，目前已有约 80%的珊瑚礁被破坏，这不仅对一些海洋生物的生存造成严重影响，而且也使其丧失了护岸功能。我国北方沿海的贝壳砂和沙滩等也因过度或不合理开采而受到严重破坏，而由其产生的海岸侵蚀和海水入侵问题也十分突出。

湿地的丧失导致了许多以湿地为必需生境的物种的灭绝（表 7-3），1998～2007 年，灭绝的已知动物中，绝大多数是湿地物种（表 7-3），多数物种的灭绝是由于湿地的破坏而使其生境丧失造成的。

3. 湿地生态环境恶化，生态功能下降

污染是中国湿地面临的最严重威胁之一。随着我国人口增长、工农业生产以及城市建设规模的扩大，大量生活污水、工业废水和农业污水被排入湿地中，这些污染物不仅对湿地的生物多样性造成严重危害，而且也对湿地生态环境带来许多负面影响。许多依赖于江河和湖泊供水的城镇，由于水体污染，水质变坏，资源型缺水的现象十分突出。目前，一些地区的天然湿地已成为工农业废水和生活污水的受纳体。2003 年七大水系以海河水系的污染最为严重，劣Ⅴ类水质断面占 50%以上；辽河水系总体水质较差，劣Ⅴ类水质断面占 40.6%；黄

表 7-3 中国天然湿地上生存的或灭绝的物种数量

分类	物种数量/种			灭绝或濒危物种/种		
	湿地	中国	比例/%	湿地	中国	比例/%
植物						
苔藓植物	270	2200	12.3	15	40	37.5
蕨类植物	70	2400	2.9	25	110	22.7
裸子植物	20	250	8	5	65	7.7
被子植物	1200	30000	4	75	1000	7.5
小计	1560	34850	4.5	120	1215	9.9
动物						
哺乳动物	30	580	5.2	60	135	44.4
鸟类	270	1250	21.6	85	180	47.2
爬行类	120	380	31.6	15	20	75
两栖类	280	280	100	10	10	100
鱼类	1040	3860	26.9	170	200	85
小计	1740	6350	27.4	340	545	62.4
总计	3300	41200	8	460	1760	26.1

注：物种数据来源于 1996～2003 年国家首次湿地资源调查和《中国生物多样性国情研究报告》（1998）。

河水系总体水质较差，支流污染普遍严重；淮河干流以Ⅳ类水体为主，支流及省界河段水质仍然较差；松花江水系以Ⅳ类水体为主；珠江水系、长江干流及主要一级支流水质良好，以Ⅱ类水体为主。而在太湖、滇池等 28 个重点湖库中，Ⅱ类、Ⅲ类、Ⅳ类、Ⅴ类和劣Ⅴ类水质的湖库分别占 3.6%、21.4%、25.0%、14.3% 和 35.7%。许多河流和湖库已经失去了饮用水功能。近年来，我国近岸海域水体因污水排入、油类污染和海水养殖等所产生的污染也非常严重。2003 年中国近岸海域 237 个监测点位中，Ⅰ类、Ⅱ类海水比例占 50.2%，Ⅳ类、劣Ⅳ类海水比例占 30.0%，海域污染仍然比较严重。稻田等人工湿地也因化肥、农药的大量使用而受到严重污染。同时，由于湿地生态环境恶化，湿地生物生境受到极大的破坏，而大量污染物的排入又对湿地生物的生存构成严重威胁。尽管湿地具有净化功能，但大量污水特别是含有大量无机氮和无机磷营养盐污水的排入会使湿地丧失净化功能，并导致水体富营养化的产生。

　　20 世纪 90 年代初，中国海域赤潮发生次数出现 1 个小高峰;进入 21 世纪后则发生次数迅速增加，2003 年达到新的高峰（119 次）;后面年份虽有所下降，但发生次数仍高于 20 世纪 90 年代的水平。2001～2010 年，仅 10 年间赤潮发生的次数是 20 世纪后半叶 50 年赤潮次数的 2 倍多。这对近海养殖业产生了严重危害，经济损失十分惨重。酸雨也是威胁湿地生态系统的重要因素，因酸雨造成的水体酸化现象会对湿地生态系统产生严重危害。中国酸雨的分布有明显的区域性，其特征总的趋势是以长江为界，长江以北降水 pH 偏高，多呈中性或碱性，长江以南呈酸性。截止到 2011 年对中国 329 个地级城市雨水质量监测表明酸雨主要分布在长江以南、青藏高原以东地区，主要包括上海、浙江、福建、江西、湖南、贵州、重庆的大部分地区，广东中部地区、四川东南部、湖北西部的少数地区酸雨可造成江、河、湖、泊等水体的酸化，浮游生物的种类减少，必然会对生活其中的水生生物造成影响。有研究表明，当水体 pH 为 6.0 时，最不耐酸的甲壳动物（鳌虾和蛤类）首先消失；pH 为 5.0 时，作为湖泊食物链基础的浮游生物——微生物群体受损衰退，从而使某些鱼群丧失增长能力，鱼的种类减少，尤其是一些有较高价值的鱼种，因不耐酸，消亡很快。相对于忍耐湖水酸化能力而言，虾类比鱼类更差，在已酸化的湖泊中，虾类比鱼类提前灭绝（刘萍等，2011）。

4. 湿地水文和局地气候改变

湿地是工农业生产和居民生活的主要水源地，过度和不合理的利用湿地水资源已使中国湿地的水文条件发生很大变化。中国西北和华北部分地区的湿地水资源因过度取水或开采地下水，其水文条件已发生很大改变。2005 年年来，西北地区的塔里木河和黑河等重要内流河，因水资源的不合理利用，其下游地区的缺水非常严重，而由此引起的湿地衰退和沙漠化问题也十分突出。黄河流域 2005 年以来水量干枯的趋势也在加剧，1997 年利津水文站累计断流达 226 天，占全年总天数的 62%，这就对下游地区的工农业生产产生严重影响。西部地区的部分湖泊也因上游超负荷的截水灌溉而导致湖泊萎缩和水质咸化。新疆准噶尔盆地西部的玛纳斯湖，21 世纪 50 年代面积为 550km^2，而到了 60 年代，由于无节制的农业开发和截水灌溉，注入该湖的河流从此断流，截至 2005 年该湖区已变成干涸的盐地和荒漠。此外，湿地开发过程中的挖沟排水，又会使湿地不断疏干，从而导致湿地水文的变化，而一些水利工程的修建有时也会将湿地水体之间的天然联系阻断，造成湿地水源断流，进而导致湿地水位下降。尽管湿地具有调节气候的功能，但大面积的湿地开发在一定程度上又会削弱其对局地气候的调节作用。三江平原地区由于长期大面积的湿地开发，其下垫面已发生很大变化，近 45 年来该区年平均气温上升了 1.2～2.3℃，而年降水量则有减少的趋势。对湿地开发前后小气候的研究也表明，湿地开发后，气温和地温均有所提高，而湿度则明显减少（孙志高等，2006）。

7.2.3 我国湿地退化的原因分析

1. 保护意识不高

当前，不同地域不同经济发展条件下的不同人群对保护湿地的认识不尽相同，一些人仍然将湿地作为荒滩、荒地予以对待。从政府层面看，主要倾向是重开发轻保护，随意将湿地排干、填埋后用于工程建设，片面追求经济效益或者局部利益。从企业和社区层面看，一些企业，尤其是小规模企业，为降低生产成本，在生产过程中随意向周边或过境水体排放污废水，倾倒、堆放或掩埋生产废弃物或垃圾，造成湿地水体污染。一些分散村镇的生活污水、生活垃圾的排放、堆积、倾泻，对周边或下游湿地生态环境质量构成越来越严重的威胁。从个人层面上看，目前仍有相当一批经济发展水平相对落后的农牧业地区或者捕捞渔业区居民，随意开垦湿地、挖塘养殖、过度捕捞、超量养殖，加剧了湿地萎缩和退化。

2. 法律政策制度不健全

中国尚无国家层面的湿地保护管理专门法规，湿地保护管理工作处于无法可依的局面，也无法建立控制湿地面积减少和功能下降的相关重大政策制度，如湿地生态补水制度、湿地征占用和改变用途审批许可制度等。也由于法律缺失，湿地没有作为具有重要生态功能的土地纳入国家主体功能区规划而受到严格保护。同时，由于许多重要湿地类型在现行国家土地分类中纳入了"未利用地"范畴，部分地方往往将湿地作为待开发的土地予以对待，加快了湿地的消亡速度。虽然近年来在国家立法方面做了一些工作，但由于相关部门对湿地保护的认识不够统一，部门协调难度很大，导致国家立法处于停滞状态。由于国家湿地立法的缺失，也严重影响地方湿地立法的积极性，对已制定湿地立法的省份，也严重弱化其立法实施的力度。

3. 资金投入严重不足

湿地保护资金严重不足，是保护管理工作面临的主要现实问题。虽然近年来国家在湿地保护方面投入大大增加，但与实际需要相比，缺口仍然十分巨大，"十一五"规划中央投资的到位率仅为 38.4%。中国湿地现有的保护管理手段仍然比较落后，管护力量不足，缺少必要的保护、恢复、监测、宣教等设施设备。由于缺乏资金，湿地管护、湿地生态补水、退化湿地恢复、湿地污染治理、湿地动态监测和宣教培训等常规工作难以有效开展，现有湿地自然保护区、湿地公园等不能发挥其正常的保护功能，保护管理水平远远不能适应湿地工作的实际需要。同时，对国际重要湿地、国家重要湿地和国家湿地公园中核心区域的生态移民和产业结构调整等，国家至今未投入任何资金开展这些重要工作。

4. 科技支撑十分薄弱

由于资金、研究机构、人才等多方面的原因，中国对湿地基础理论和应用技术的研究还不够深入，特别是有关湿地与气候变化、水资源安全等重大关系研究尚处于起步阶段。近年来虽然有科研院所、高校成立了湿地研究机构，但研究力量薄弱、专门人才匮乏、研究课题分散，特别是缺乏国家层次的重大研究课题和研究成果，导致湿地保护管理工作的科技含量很低，科技支撑力量十分薄弱。由于湿地科研工作与管理工作结合不够紧密，导致仅有的研究成果没有得到很好的开发应用，没有体现出科技对湿地保护应有的支撑作用。由于缺乏湿地保护和恢复的实用技术，造成湿地保护方式单一，技术手段落后，与国际先进水平存在较大的差距（杨邦杰等，2011）。以上原因导致湿地的退化，其退化过程如图 7-2 所示。

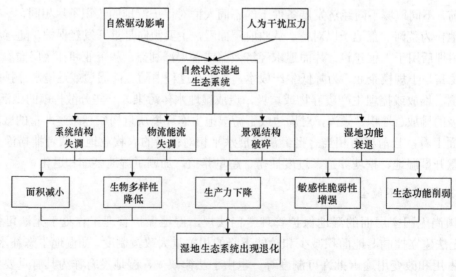

图 7-2　湿地退化示意图

7.2.4 加强湿地保护的对策建议

1. 建立湿地保护与可持续利用的管理协调机制

目前我国的湿地管理主体较多，涉及农业、林业、国土、水利和环保等多个政府部门，而多部门管理的结果又往往是管理混乱，缺乏协调性。由于我国在湿地管理工作中缺乏相应的政策，再加上各管理机构的管理权限冲突、协调能力差，湿地管理的难度非常大。因此要加强湿地资源的管理工作，建立高效的湿地保护与管理协调机制是关键。为此有必要在政府部门设置一个能够促进各管理部门协调发展的功能单位，以便于对湿地资源进行有效的保护和管理。在实际操作中还要强化湿地资源的统一和综合管理并采取统一管理和分类分层管理相结合、一般管理和重点管理相结合的措施，切实做好湿地资源的分类管理和重点管理工作。

2. 建立并完善湿地保护与利用的政策和法制体系

我国的湿地管理工作起步较晚，缺乏专门的法律法规，而相应政策体系也不完善。近20年来，我国虽然制定了一些与湿地管理相关的法律法规和地方条例，但总的来讲，我国湿地法律和政策的保护力度仍然不够，至今尚未有专门的湿地保护法规出台。可以说，我国湿地资源的保护仍处于无"法"可依的状态。因此，加快湿地保护的立法进度、制定完善的法制体系是有效保护湿地和实现湿地资源可持续利用的关键。而建立有效的湿地管理经济政策对于中国湿地资源的保护和合理利用也有着重要意义。为此，要评估现行政策和法律法规在湿地保护中的作用，及时建立并完善与湿地有关的政策和法规，并在国土资源利用的整体经济运行机制下，逐步建立和完善鼓励并引导人们保护与合理利用湿地、限制破坏湿地的经济政策体系。要以法律法规的形式，明确各湿地管理机构的权限和分工，并规范其管理程序。

3. 加强湿地资源的综合保护，开展退化湿地的恢复与重建

鉴于中国湿地资源的现状及存在的问题，采取多方面有效措施，加强湿地资源的综合保护，开展退化湿地的恢复和重建，减轻人为因素对湿地的负面影响就显得非常必要。为此，要将湿地保护与合理利用纳入到国家、省（自治区、直辖市）的土地利用、生态治理、资源恢复等方面的管理规划中，通过实行环境影响评价制度评估湿地资源利用与保护中存在的问题，并以此来寻求解决方案。要加大退耕还林、还草、还湖和还沼的力度，强化各级管理部门的责任感，并通过营造生态保护林和水源涵养林的方式，防止水土流失，减少河湖淤积。要制定与水资源保护相关的水资源管理战略，加强水资源开发对湿地生态环境影响的预测和监测，并通过建立最优河流水量分配方式来维持流域重要湿地的自然状态及生态功能。要严格控制湿地周围的污染源、污染物数量和排污途径，而对于已受污染的海域、湖泊和河流等，要有计划地进行治理并恢复其生态功能。此外，在不同地区要有重点的选择一些有代表性的退化湿地，开展退化湿地的恢复和重建工作，如实施沿海红树林生态恢复工程等。

4. 加强湿地保护区的建设和管理，保护生物多样性

天然湿地锐减和生物多样性降低是中国湿地所面临的主要威胁之一，而通过建立湿地保护区可使湿地生物及其生境得到有效保护。为此，要在县级详查的基础上，查清我国具有重要生态意义的湿地现状并全面评价其功能和效益。要根据这些湿地的特征和生态功能来确定国家重要湿地和地方重要湿地，并对其采取有效的保护和管理，而对一些符合国际重要湿地标准的湿地，要积极争取列入国际重要湿地名录。要进行湿地预留最小面积和保护空缺分析，编制湿地保护区、湿地保留区的建设规划，建立起布局合理、类型齐全、重点突出、面积适宜的湿地保护区网络体系。要建立起完善的湿地保护区管理机制，完善保护和管理设施，提高现有保护区的保护功能，进而使生物多样性得到有效保护。此外，要应用 3S 技术加强湿地资源动态和湿地水文动态等方面的监测，为湿地保护区的科学管理提供技术支撑。

5. 加强湿地科学研究，积极开展国际交流与合作

加强湿地科学研究是认识和了解湿地的主要途径，也是促进湿地保护与可持续利用的重要保证。通过基础研究和应用研究，可对中国湿地的类型、特征、功能和价值等有着更为全面和深入的了解，从而为我国的湿地保护奠定科学基础。当前，湿地保护已成为国际社会关注的热点，而中国的湿地对于全球气候变化、生物多样性保护和跨国流域水文系统等都有着重要影响。因此，为了更好地保护和利用我国的湿地资源，必须加强湿地研究的国际交流与合作，通过引进国外先进的技术和管理经验，积极开展我国湿地资源的环境监测与评价，并诊断其健康状况，预测其发展趋势，从而为湿地资源的有效管理与合理利用提供科学依据。

6. 加强宣传教育和专业人才的培养，提高公众参与意识

公众是湿地保护的主体，中国湿地资源保护的有效性和合理利用水平的提高在很大程度上取决于公众和管理决策者对湿地重要性的认识和观念的转变。为此，必须通过一系列强有力的宣传教育和培训措施，提高公众对湿地特别是对湿地各种功能和效益等方面的认识，增强公众的湿地保护意识，进而形成有利于湿地保护的良好氛围。要通过"湿地日"、"爱鸟周"等开展形式多样的宣传活动，并借助电视、广播、报纸和网络等媒体的广泛宣传，使公众及时了解到湿地资源利用和保护的信息，进而提高公众参与湿地保护和管理的积极性。此外，要将湿地知识带进课堂，通过多种途径，为我国湿地保护、管理和科研事业培养大量合格的各级、各类专业人才（孙志高等，2006）。

7.3 湿地重要生态功能区资源环境承载力评价指标体系

依据湿地-环境承载力的特点以及前人的研究成果，同时遵循上述原则，在大量调查研究和试验研究的基础上，结合湿地生态系统的服务功能，经过反复分析筛选，将湿地资源环境承载力指标体系分为生态支撑力指标和社会经济压力指标两个亚层。两大指标下又分为亚类指标，各亚类指标又可分为具体的初始指标（表7-4）。

表 7-4   湿地重要生态功能区资源环境承载力指标体系

目标层	要素层	准则层	指标层
湿地区资源环境承载力	生态支撑力	自然驱动力	年均降水量
			平均海拔
		生态结构	湿地面积比
			生物丰度指数
			景观破碎度
		生态功能	水资源更新率
			水体纳污能力
	社会经济压力	资源能源消耗	人口密度
			渔业总产值
			制造业用水量
			万元 GDP 耗水量
			耕地面积比
			用电量
		环境污染排放	单位耕地面积化肥使用量
			单位耕地面积农药使用量
			单位面积工业废水排放量

7.3.1   湿地重要生态功能区生态支撑力指标体系构建

湿地重要生态功能区生态支撑力指标包括自然驱动指标、生态结构指标和生态功能指标。

1. 自然驱动指标

在自然生态系统中，自然驱动力反映没有经过人类作用的自然生态系统的自我平衡能力，是区域资源环境承载力和自然、社会与经济复合系统的研究基础，是自然生态系统的本底值，主要包括系统的地形地貌、气候条件等，具体指标包含年降水量、年均温、水资源量。

2. 生态结构指标

生态结构是生态系统的构成要素及其时空分布和物质能量循环转移的途径。是可被人类有效控制和改造的生物群落结构。不同的生物种类、种群数量、种的空间配置、种的时间变化具有不同的结构特点和不同功效，它包括平面结构、垂直结构、时间结构和食物链结构四种顺序层次。系统的结构是功能的基础，调整系统结构，是对环境资源合理开发与利用的重要手段，在区域资源环境承载力的研究中，一般将生态结构作为承载力的重要部分，对生态系统的支撑能力进行评价。

湿地重要生态功能区生态支撑力生态结构指标主要包括景观破碎度、水域面积比、生物丰度。

3. 生态功能指标

调节功能是指人类从生态系统过程的调节作用中获取的服务功能和利益。湿地生态系统的调节作用主要包括：调节径流、控制洪水、水资源蓄积、地下水补给功能、净化功能、气候调节功能等。

1）涵养水源功能

涵养水源功能是湿地生态系统为人类提供的重要的服务功能之一。生态系统涵养水分的功能主要表现为：截留降水、增加土壤下渗、抑制蒸发、缓和地表径流和增加降水。沼泽土壤具有巨大的持水能力，因此被称为"生物蓄水库"。湿地能够蓄积大量的淡水资源，从而起到补充和调节径流的作用，对维持湿地生态系统的结构、功能和生态过程具有至关重要的作用。

2）调节径流，控制洪水

湿地对径流起到重要的调节作用，可以削减洪峰、滞后洪水过程，从而均化洪水，减少洪水造成的经济损失。鄱阳湖调洪蓄水作用的机制在于其巨大的蓄水功能。首先，鄱阳湖区的土壤具有巨大的储水能力；其次，鄱阳湖的调洪蓄水能力还与其地貌类型和水位的消长规律有关。鄱阳湖的水位消落区主要分布在入湖三角洲前缘湿地，这些湿地的地貌类型由许多蝶形洼地组成。所以鄱阳湖的调蓄洪水机制在很大程度上有赖于这些洼地的调节能力。

3）地下水补给功能

湿地生态系统与地下水交流也是陆地水循环系统中关键环节之一。由湖泊渗入或流到地下蓄水系统时，蓄水层得到补充，湖泊则成为补给地水层的水源。从湖泊流入蓄水层的水随后可成为浅水层地下水系统的一部分而得以保持。浅层地下水可为周围地区供水，维持水位，或最终流入深层地下水系统成为长期的水源。

4）气候调节功能

湿地调节气候功能包括通过湿地及湿地植物的水分循环和大气组分的改变调节局部地区的温度、湿度和降水状况，调节区域内的风、温度、湿度等气候要素，从而减轻干旱、风沙、冻灾、土壤沙化过程，防止土壤养分流失，改善土壤状况。由于湿地中的微生物活动相对较弱，植物残体分解释放二氧化碳的过程十分缓慢，起到了固定碳的作用，当湿地水分蒸发和湿地植被叶面的蒸腾作用，可使附近区域的温度降低、湿度增大、降水量增加，对周边区域的气候具有明显的调节作用。

5）水体纳污功能

湿地被誉为"地球之肾"，具有减少环境污染的作用，水生植物具有阻挡作用，减缓水体运动有利于沉积物的沉积，许多污染物质吸附在沉积物的表面，从而有助于与沉积物结合在一起的污染物储存、转化。在湿地中生长的植物、微生物和细菌等通过湿地生物地球化学过程的转换，包括物理过滤、生物吸收和化学合成与分解等，将水中的污染物吸收、分解或转化，使湿地水体得到净化。例如，湿地中最常见的芦苇对水体中污染物质的吸收、代谢、分解、积累和减轻水体富营养化具有重要作用。同时湿地通过湿地植物的吸纳作用，吸收空气中的 SO_x、NO_x 等毒害分子，使空气得到净化；湿地水流速度缓慢，有利于污染物沉降。

最终选取的湿地重要生态功能区生态支撑力生态功能指标包含：水资源更新率，水体纳污能力。

7.3.2 湿地重要生态功能区社会经济压力指标体系构建

在社会经济系统中，人口、资源与环境是人类社会及其活动的组成要素。在生态—经济系统中，人类各项经济活动需要自然生态环境的支持，同时在依附生态环境提供的自然资源的情况下，又会对生态环境产生压力，引起生态环境的破坏。压力的来源主要是人类对资源、能源的消耗和污染物质的排放，也就是资源、能源消耗压力和污染物排放压力。因此压力指标主要从人类社会对资源、能源的消耗方面和对环境的污染排放两方面选取。

资源、能源消耗主要来自人口对土地资源、水资源、能源等方面的消耗，所以选择的指标为人口密度、能耗指数、水耗指数、城市化率和人均耕地面积。

污染物排放主要来自工业、农业和生活中，因此选择的指标为单位耕地面积农用化肥施用量、单位耕地面积农药施用量、单位面积生活污水排放量、单位面积工业"三废"（工业废气、工业废水、工业固体废弃物）排放量。

7.4 典型湿地生态系统类型区资源环境承载力指标研究

研究区地理位置位于 28°45′N～33°25′N，111°45′E～118°30′E，湿地区主要包括：①位于湖南省东北部的洞庭湖湿地区；②位于江西省北部的鄱阳湖湿地区；③长江中下游干流湿地群。横跨湖北、湖南、安徽和江西四个省的 39 个县市。总面积为 12.08 万 km²，占全国总土地面积的 1.26%，如图 7-3 所示。

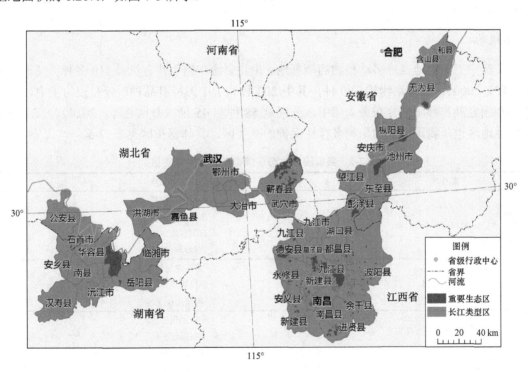

图 7-3　典型湿地生态系统类型区位置图

7.4.1　自然生态概况

1. 地理位置

典型湿地生态系统类型区位于 28°45′N～33°25′N，111°45′E～118°30′E，湿地区主要包括：①位于湖南省东北部的洞庭湖湿地区；②位于江西省北部的鄱阳湖湿地区；③长江中下游干流湿地群。横跨湖北、湖南、安徽和江西四省的 39 个县市。总面积为 12.08 万 km²，占全国总土地面积的 1.26%，如图 7-3 所示。研究区位于东部平原湖区，地势平坦，平均海拔为 67m。湖区主要包括洞庭湖和鄱阳湖两大湖区，平原区主要位于淮河以南，洞庭湖、鄱阳湖以北，包括湖南洞庭湖平原、江西鄱阳湖平原、湖北江汉平原和湖口以下到镇江之间沿长江两岸分布的狭长的苏皖沿江平原等。

2. 气候

气候大部分位于湿润区，降雨量充沛，属于亚热带季风气候，夏季高温多雨，冬季温暖湿润，2010 年，年均温为 17℃，最高气温为 23℃，最低为 13℃。年均降水量为 1881mm，区域之间降水量差异较小，最低值为安徽含山县 1265mm，最高值为江西余干县 2349mm。

3. 水系

水系主要包括长江干流河段、鄱阳湖和洞庭湖水系等，河网密集，水系发达，湖泊众多，水资源丰富，形成系统的水路交通网络。有研究显示，长江中游汉口站多年平均径流量达 7045 亿 m³，平均流量为 22327m³/s，可开发的水能资源约为 500 万 kw，占全国的 12.2%（许继军等，2014）。

4. 动植物

长江中下游湿地是许多动植物的栖息地、生物资源丰富。共有贝类 110 多种（吴小平和梁彦龄，2000），软体动物约 300 种，其中 200 种属于中国特有品种，分布较为集中，蚌科种类在洞庭湖和鄱阳湖分布最为集中，分别是 58 种和 45 种（舒凤月等，2014）。长江中下游湿地地区也是我国重要的生物多样性保护的重要区，具体保护区见表 7-5。

表 7-5　典型湿地生态系统类型区湿地保护区

湿地区	保护区名称
洞庭湖水系	西洞庭湖保护区
	南洞庭湖保护区
	东洞庭湖保护区
	横岭湖保护区
鄱阳湖水系	鄱阳湖保护区
	都昌候鸟保护区
	南矶山保护区
长江中下游干流	洪湖保护区
	沉湖保护区
	涨渡湖保护区
	网湖保护区
	龙感湖保护区
	升金湖保护区
	安庆沿江水禽保护区
	铜陵淡水豚保护区
	长江天鹅洲白鳍豚保护区
	天鹅洲麋鹿保护区

7.4.2 社会经济概况

长江中下游湿地地区具有优越的区位条件、良好的空间资源、丰富的人力资源、优越的投资环境，为区域经济和社会的发展提供有利的条件。人口密集，经济发达，2011 年区域人口约为 1974.78 万，GDP 为 3401.68 亿元（表 7-6）。

表 7-6　典型湿地生态系统类型区社会经济情况

年份	人口/万人	GDP/亿元	渔业总产值/万元
2000	1795.54	643.97	672318
2001	1815.6	652.73	726282
2002	1821.44	788.51	934329
2003	1817.17	881.04	972112
2004	1834.29	924.66	1035095
2005	1839.87	1147.03	1225653
2006	1779.72	1326.75	1329311
2007	1878.20	1609.66	1511205
2008	1893.15	1962.40	1659832
2009	1906.37	2229.97	1793517
2010	1929.64	2720.72	1910666
2011	1974.78	3401.68	2075061

从图 7-4 至图 7-6 中可以看出，2000 年到 2011 年研究区人口、GDP、和渔业总产值呈上升趋势，GDP 和渔业总产值上升幅度显著。2011 年 GDP 和渔业总产值分别是 2000 年的 5.3 倍和 3.1 倍。

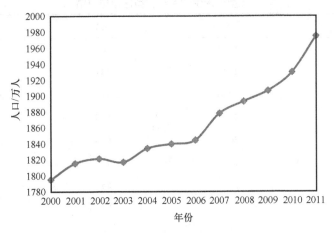

图 7-4　典型湿地生态系统类型区人口

对研究区经济较为发达的市区（鄂州市、南昌市、武汉市）用电量进行统计，统计数据如表 7-7 所示。

从图 7-7 可以看出，鄂州市、南昌市、武汉市用电量呈递增趋势，且趋势明显。

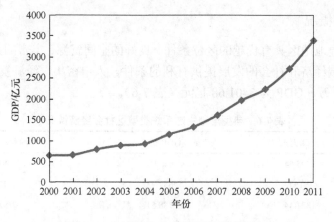

图 7-5 典型湿地生态系统类型区 GDP

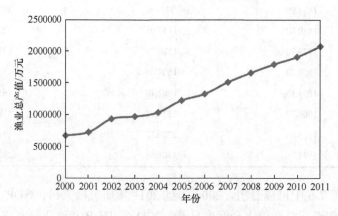

图 7-6 典型湿地生态系统类型区渔业总产值

表 7-7 典型湿地生态系统类型区用电量情况   （单位：亿 kW·h）

年份	鄂州市	南昌市	武汉市
2000	15.93	36.08	118.66
2001	17.64	38.60	152.41
2002	19.07	43.74	158.78
2003	23.30	52.73	178.83
2004	26.23	61.48	185.58
2005	29.90	73.87	210.87
2006	32.95	85.44	229.81
2007	35.37	94.55	258.67
2008	35.40	98.15	286.43
2009	38.77	101.48	310.27
2010	55.39	112.80	353.63
2011	58.88	128.80	383.65

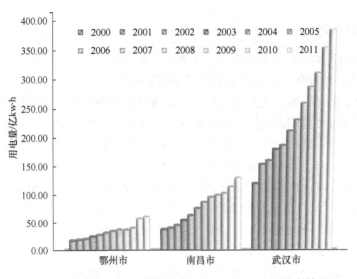

图 7-7　典型湿地生态系统类型区 2000～2011 年用电量情况

1. 农业方面

洞庭湖平原、鄱阳湖平原、汉江平原和苏皖沿江平原是全国性重要商品粮基地。这里气候适宜，地势平坦，土壤肥沃，灌溉便利，农业开发历史悠久，为农业的发展提供了优越的条件，加上人口密集，形成高度集约化的粮食基地，农业综合发展水平较高，农产品总量大，粮食商品率高。研究区总人口为 5011 万人，人口密度为 415 人/km²，明显高于 2011 年全国平均人口面积 139.6 人/km²。总土地面积 12.08 万 km²，占全国总土地面积的 1.26%；总耕地面积 3.26 万 km²，（全国 135.4 万 km²（2009 年））占全国总耕地面积的 2.4%。耕地面积比例大于全国平均水平，其中尤以安徽的耕地比例最大。粮食总产量为 1925 万 t。

2. 工业方面

长江沿岸水热资源丰富，工业高度发达，基础雄厚，沿江地带有众多的工业城市，是我国高度发达的综合型工业基地。工业发展的主要特点为：工业部门齐全、工业结构合理、基础经济增长速度较快。例如，以武汉为中心的轻纺、钢铁工业等大型基地和湖北、湖南、安徽、江西为主的重化工业生产体系。此外制造业、纺织业、有色金属等也高度发达。武汉、十堰为中心的汽车制造业是我国汽车制造中心之一。

3. 渔业方面

长江中下游地区水资源丰富，水域广阔、水网密集，使得该地区渔业发展良好，是全国以养殖为主的淡水鱼主产区，共有可养殖淡水面积 282 km²。渔业总产值每年达 207.5 亿元。

虽然长江中下游有丰富的水能资源和平坦的地势，为工农业的发展带来了便利，但也有其限制因素。总体来看，基础设施、生态建设与发展尚不适应，管理缺乏有效的协调，条块分割严重，制约着当地经济的发展。矿产资源贫乏，除了江西、湖南有色金属丰富之外，其他地区矿产资源不能满足当地经济发展需求。湿地破坏严重，部分土壤变为水稻土和旱地耕作土，损害了原有的生态系统功能和价值，限制经济发展的趋势逐渐显现。

7.4.3 生态环境问题

以鄱阳湖湿地为例，近年来存在以下生态环境问题：

1）干旱缺水，洪涝灾害，制约鄱阳湖生态经济与社会发展

近年来，由于全球气候变暖和降水年际变化规律的影响，极端天气频繁，对水文水资源的影响正在日益显现。鄱阳湖地区虽然水资源较为丰富，但由于降雨时空分布不均，具有明显的季节性和地域性，鄱阳湖水位变幅较大。三峡工程建成后，其蓄洪水过程对鄱阳湖水位、水量产生直接影响。加上围垦使鄱阳湖水域面积缩小了 1300km²，湖岸线减少到 1200km，容积减少 80 亿 m³，对洪水调蓄能力削弱 20%。进入 2000 年以来，鄱阳湖频繁出现较长枯水位，湖口站 2006 年 8 月至 9 月和 2007 年 5 月至 6 月均出现有记录以来的历史最枯水位。湖面不到 50km²，湖面不足最宽时的 1%。昔日碧波荡漾的湖面大多变成干涸龟裂的荒滩。由于上游来水少，湖水外泄加快，枯水位时间长，工程性缺水明显，农田灌溉保证率低。对滨湖尾闾地区 230 万人饮水和 300 多万亩农田灌溉造成较大困难，严重影响了湖区经济和社会发展用水安全。随着湖区枯水位降低，枯水期提前和延长，导致湖泊水面缩小，洲滩提前显露，湿地与洲滩涵养水源、调蓄洪水、调节气候、降解污染、提供候鸟栖息地和水生动植物产品等生态服务功能不断衰退，水生生物资源逐年退化。鄱阳湖地区降雨一般集中在 3~6 月，占全年降水量的 57.2%，极易导致五河流域的洪涝灾害。7 月至 9 月，随着长江水位的上涨，鄱阳湖又会出现年最高洪水位，威胁湖区防洪安全。目前，鄱阳湖区圩堤建设标准偏低，蓄滞洪区建设和中小河流治理严重滞后，流域控制性水利工程不足，城镇防洪排涝标准较低，病险水库水闸多，防洪能力还比较低，洪涝灾害依然是滨湖地区影响经济社会可持续发展的重要制约因素。2009 年，鄱阳湖水系发生的严重洪涝灾害就是佐证。另外，鄱阳湖区围湖造地、滩地植树、非法采砂等侵占河道、影响行洪、破坏生态的现象仍不同程度存在。

2）鄱阳湖水环境污染

随着经济社会的发展，流域排污总量不断增加，鄱阳湖水质逐年下降。20 世纪 90 年代，湖区Ⅰ类、Ⅱ类水占 70%。而进入 2000 年后，水质呈下降趋势。造成鄱阳湖水区污染的原因，从大的方面来讲有三个：其一是由于滨湖地区工业生产的发展，特别是一些化工、制药、冶炼、造纸等企业超标排放，再加上城市未经处理的生活废水的排放，使湖区地表径流和五大水系携带的污染物、工业废弃物排入湖体，造成湖泊水质恶化，富营养化加剧，水生生态系统结构遭到破坏、综合功能减退、湖泊老化过程加快。其二是农业面源污染。由于湖区农田大量使用化肥、农药，造成湖体氮磷污染物大幅增加。渔业和规模化畜禽养殖业的发展，农村生活垃圾的倾倒，使湖区浮游植物生长迅速。据有关资料表明，2007 年江西省废污水排放量为 25.8 亿 t，其中城镇生活污水排放量 7.5 亿 t，城市污水处理率 26.02%，工业废水排放量 18.30 亿 t，工业废水排放达标率 93.8%。近十年期间废污水排放量平均以每年约 1 亿 t 的速度递增。江西省五河污染物排放物均流入鄱阳湖，主要污染物为总磷、总氮、高锰酸盐指数、生化需氧量，占总负荷的 78.14%，其他污染物占 21.86%。其三是由于饶河支流乐安河上游金属矿山德安铜矿的开采，给鄱阳湖水体带来了较为严重的重金属污染。另外，有的年份持续缺水干旱，造成水体生态系统的自净能力大大降低，水体富营养化加快。据江西省人民代表大会环境与资源保护委员会调查，以 10~12 月监测数据为例，2006 年以来，

鄱阳湖已经从整体上呈现中度营养化的状态。2006 年鄱阳湖Ⅰ类、Ⅱ类水质只占 50%，Ⅲ类水质占 32%，劣Ⅲ类水质占 18%。2007 年Ⅰ类、Ⅱ类水质不到 30%，2008 年不到 10%。

3）出现水土流失和泥沙淤积

水土流失和泥沙淤积已经成为影响鄱阳湖生态环境的重要因素之一。鄱阳湖流域水土流失的原因是多方面的。从自然因素来讲，江西省属南方省份，雨水相对较多，加上红壤、土质疏松，五大干流中上游地势较高，以致山洪频发，水土冲刷侵蚀严重，容易引发水土流失；从人为因素来看，由于一些地方乱垦滥伐，破坏植被；有的地方种植果树，把周围的小草全部铲除；有的地方开矿、破坏植被后没有及时修复，一遇大雨，水土流失就不可避免。据江西省国土资源厅遥感调查，鄱阳湖滨湖地区现有水土流失面积 3.5 万 km²。由于水土流失严重，大量的泥沙下沉，造成赣江、抚河、信江、饶河、修河 5 条主要河流及鄱阳湖的严重淤积，抬高河床和湖床。

4）生物多样性破坏明显

鄱阳湖水域具有得天独厚的生态优势，蕴藏着丰富的水生动植物资源，沿湖群众历代以湖生存。然而，随着鄱阳湖区人口的快速增加，城市建设加快，过多地强调对鄱阳湖的开发利用，缺乏对湖泊的规划和保护，物种多样性呈明显下降趋势。尤其近 20 年来，湖区的人类活动和环境压力迅速增加，生物多样性受威胁程度明显增大。加上近年来鄱阳湖降水减少，入湖流量减小等水文、气象因素变化，鄱阳湖水环境容量减小，入湖污染物增加，水质下降，导致浮叶植物与沉水植物减少，湿地植被种群结构改变，水生动物生存环境恶化，种群减少，生物量下降。20 世纪 60 年代，湖泊湿地水生、湿生和沼生植物有 119 种，到 20 世纪 80 年代只有 101 种，原有的白鳍豚已绝迹；鲥鱼、白虾等珍贵鱼类毫无踪影，江豚、中华绒螯蟹数量大幅减少；鱼类资源量较 20 世纪 80 年代前剧减 70%以上。动植物种类的减少，致使鄱阳湖生物多样性降低。鄱阳湖湿地植被受自然和人为因素的影响，发生一系列的演变。鄱阳湖滩发育良好，发育系数达 0.79，但由于长期掠夺式的利用和围垦，实际分布面积逐年缩小，从 1927 年到 1988 年的 61 年间，共减少面积 318.7km²，相对面积减少 33.5%，平均每年减少 5.2km²。从 1964 年至 1988 年，年平均减少 7.23km²。原因是大面积的柴草洲被围垦，使得目前曾经有 5000 多平方千米的鄱阳湖水面一度缩小到 50km²，大大降低了资源的利用价值。

5）土地沙化日趋严重

据遥感调查，鄱阳湖区现有沙化土地面积 3.89 万 km²，其中固定沙丘 0.67 万 km²，半固定沙丘 1.36 万 km²，流动沙丘 0.85 万 km²，沙改田 1 万 km²，沙化面积占湖区面积的 2.2%以上，占江西省沙化面积的 30%以上。鄱阳湖风化流沙以 3～5m/a 的速度向群众居住地和生产区推进，沙漠面积不断扩大，淹没大量农田。另外，流沙冲进鄱阳湖，淤塞水道，抬高河床，影响鄱阳湖的泄洪和航道的畅通。

6）水资源忧患意识不强，环保基础设施滞后，水质监控能力有待提高

一些地方和单位对水资源忧患意识不强，对国家产业政策和生态环境保护认识不到位，盲目承接发达地区转移过来的污染企业和项目，留下环境污染事故隐患。有的企业环境意识较差，违法排污现象时有发生。有的地方粗放型经济的发展造成部分地区已无富余环境容量，对可持续发展形成了制约。一些地方环保基础设施滞后，生活污水直排现象较为普遍，现有的生活垃圾处理场也未到达卫生填埋要求。另外，有的地方对鄱阳湖的水质

监控能力还达不到要求，表现在：其一，滨湖各县监测能力薄弱，缺少水质监测技术人员和仪器、资金，影响了鄱阳湖水质监控工作的开展。其二是监测点数量不多，鄱阳湖区60%以上水域分布在九江，只有两个国家级监测点，难以真实、全面、及时反映湖区的环境现状。其三，基层县级环保机构的人员素质、监管能力、应急能力难以满足鄱阳湖水质监测的需要。

鄱阳湖作为长江流域最大的通江湖，生物多样性丰富，生态保护任务繁重。目前，在鄱阳湖的执法主体涉及江西省农业、林业、水利、环保、国土、海事、公安、卫生等十多个职能部门，以及环湖的市、县人民政府，由于体制不顺，容易造成职能交叉重叠，多头管理，重复管理，有利都上，无利则让，难以协调。在实际执法中，由于地方保护主义、部门利益纷争等方面的原因，部门与地方的意见、看法往往不一致，遇到问题时，各自为政，互相扯皮推诿现象严重，而且行政成本高、效率低，难以形成执法合力。由于一些政策、措施得不到认真贯彻、落实，从而导致违法采砂、乱捕滥猎、非法种植、围湖造田等非法活动屡禁不止，湖区各类资源和生物多样性遭受严重威胁。尤其是违法无序采砂，不仅对鄱阳湖水质产生严重影响，使鄱阳湖入长江水一度出现"清浊倒挂"现象，而且导致国有湖砂资源大量流失、破坏鱼类栖息、洄游和繁殖场所，使湖区渔业资源大量减少，也造成湖区数万渔民收入减少，生活水平下降。

7.5 重要资源环境承载力指标释义

7.5.1 自然驱动因子

自然驱动因子是指湿地区生态系统在没有受到人类干扰的本底状况，主要包括年降水量、年均温和地区水资源量。气候因素对湿地生态系统的健康发展具有重要的生态意义，水是湿地的生存之本，湿地是储存水资源的重要载体，湿地与水相互依存、相互补充、密不可分。具体指标释义见4.7.1节。

7.5.2 生态结构

1）生物丰度

生物丰度是人类社会赖以生存和发展的基础，生物丰度状况决定着生态系统的面貌，是反映生态环境质量最本质的特征之一。具体计算见式（4-10），不同土地利用的权重见表7-8。

2）水域面积比

水域面积比是指研究区中水域所占的比例。水域比例的大小能表征该区主要的生态系统功能。

$$水域面积比=\frac{水源滩地等水域面积}{区域总面积} \qquad (7-1)$$

7.5.3 生态服务功能

1）水资源更新率

年水资源更新率指该地区水资源的更新能力，在一定程度上能够表征湿地涵养水源的功能。湿地的土壤具有巨大的储水能力。据研究，湿地的红壤 1m 土层的土壤水库总库容为

表 7-8　典型湿地生态系统类型区生物丰度指数计算权重

项目	权重	结构类型	分权重
林地	0.35	有林地	0.6
		灌木林	0.25
		疏林地和其他林地	0.15
草地	0.21	高覆盖度草地	0.6
		中覆盖度草地	0.3
		低覆盖度草地	0.1
水域湿地	0.28	河流	0.1
		湖泊	0.3
		滩涂湿地	0.6
耕地	0.11	水田	0.6
		旱地	0.4
建筑用地	0.04	城镇建设用地	0.3
		农村居民点	0.4
		其他建筑用地	0.3
未利用地	0.01	沙地	0.2
		盐碱地	0.3
		裸土地	0.3
		裸岩石砾	0.2

483mm，其可调蓄库容达到 253mm，即使在阴雨连绵的雨季，在 253mm 的库容中，也有 149mm 的库容保持在调节状态，此外，湿地中有众多碟形洼地使其拥有巨大容量，能储存大量的水分。

$$年水资源更新率 = \frac{年水资源量变化值}{水资源总量} \tag{7-2}$$

2）水体纳污能力

湿地本身的属性特征决定其具有强大的水质净化功能，湿地净化水质的功能实质上就是把流经湿地的溪水、河水中的悬浮物、营养物、有毒物固定和沉积在湿地生态系统中。湿地的这种去除营养物和有毒污染物的能力是其结构与功能独特组合的结果，主要包括以下几方面：①湿地内浅水、低流速的条件及植被的物理过滤作用利于泥沙的沉积；②湿地提供了化学、微生物过程的基质，促进了营养物的去除和储存；③湿地中厌氧性和需氧性过程对水中一些化学物质的转化和转移作用；④湿地内植物的高生产力导致湿地植被有较高的矿物质吸收率，微生物、营养物质（N、P 等）利于湿地植物生长发育；⑤湿地中存在的大量分解过程通过把污染物质转化成无害物质，进一步增强了湿地改善水质的能力；⑥湿地中水和沉积物的大面积接触，促进了湿地对污染物质的吸收；⑦许多湿地中有机碳的积累也导致了化学物质的沉积。

根据研究区湖库的规模、水深、库容、入湖污染物种类、浓度及湖库本底浓度的不同，采用不同的模型进行计算。对于小型湖库，污染物经时段 t 与库水均匀混合，纳污能力计算公式为

$$W = \left\{ \frac{m+m_0}{Q_L+K} \left(C_0 - \frac{m+m_0}{Q_L+K} \right) \exp\left[-\frac{(Q_L+K)^t}{V} - C_0 \right] \right\} V \tag{7-3}$$

式中，m 为污染物入湖速率，g/s；m_0 为湖库现有污染物的排放速率，g/s；V 为设计水文条件下湖库容积，m^3；C_0 为湖库现状污染物浓度，mg/L；Q_L 为湖库出流量，m^3/s；K 为污染物降解系数，1/s；t 为时段长，s。

大、中型湖（库）因水面面积较大、湖水受热不均而造成的湖水分层、风吹造成的湖面水流扰动、污染物入库角度不同的情况下，污染物在短时间内很难与湖水均匀混合。依据混合带长度，采用非均匀混合模型进行计算。距排污口 r 处的湖库水体纳污能力计算公式为

$$W = (C_S - C_0) \exp\left(\frac{K\phi H r^2}{2Q_P} \right) Q_P \tag{7-4}$$

式中，C_S 为湖库的目标污染物浓度，mg/L；C_0 为湖库现状污染物浓度，mg/L；Q_P 为污水排放流量，m^3/s；K 为污染物降解系数，1/s；ϕ 为扩散角，由排放口附近地形决定，排污口在开阔的岸边时=π，排污口在湖（库）中时，=2π；H 为扩散区湖（库）平均水深，m；r 为距排污口距离，m。

富营养化状况下湖（库）水体纳污能力计算公式为

$$W = \frac{P_s h Q_a W_I}{V W_0} \tag{7-5}$$

式中，W 为湖（库）对 N、P 的接纳能力，t/a；P_s 为湖（库）中 N、P 的年平均控制浓度，g/m^3；h 为湖（库）的平均水深，m；Q_a 为湖（库）年出流水量，m^3/a；W_0 为年出湖（库）的氮、磷量，t/a；W_I 为年入湖（库）的氮、磷量，t/a；V 为湖（库）的库容，m^3。

对于湖（库）综合降解系数 K，一般采用实测法进行计算，公式为

$$K = \frac{172800 Q_P}{\phi H (r_B^2 - r_A^2)} \ln \frac{C_A}{C_B} \tag{7-6}$$

式中，K 为湖（库）污染物降解系数，1/d；r_B、r_A 分别为远近两测点距排放点的距离，m；H 为扩散区湖（库）平均水深，m；C_B、C_A 分别为远近两测点实测污染物浓度，mg/L。

7.5.4 资源能源消耗指标

1）人口密度

人口密度是单位面积土地上居住的人口数。它是表示世界各地人口的密集程度的指标。通常以每平方千米或每公顷内的常住人口为计算单位。

计算公式：

$$人口密度 = 常住人口 / 土地面积$$

2）渔业总产值

渔业总产值是指以货币表现的渔业全部产品的总量，它反映一定时期内农业生产总规模和总成果。

3）制造业用水量

制造业是指对制造资源（物料、能源、设备、工具、资金、技术、信息和人力等），按照市场要求，通过制造过程，转化为可供人们使用和利用的工业品与生活消费品的行业。包

括扣除采掘业、公用企业后的所有 30 个行业。制造业是鄱阳湖经济的支柱产业，是经济增长的主导部门和经济转型的基础，作为经济社会发展的重要依托，制造业是我国城镇就业的主要渠道和国际竞争力的集中体现。

制造业用水量是指制造业实际用水的水量，能表征该区在经济发展经济的时候对水资源的消耗水平。

4）万元 GDP 耗水量

根据 GDP 总量和用水总量进行计算。表征发展经济时，对水资源的消耗水平。

计算公式：

$$万元 GDP 耗水量=用水总量/GDP \tag{7-7}$$

5）耕地面积比

耕地是指种植农作物的土地，包括熟地，新开发、复垦、整理地，休闲地（含轮歇地、轮作地）；耕地中包括南方宽度<1.0m、北方宽度<2.0m 固定的沟、渠、路和地坎（埂）；临时种植药材、草皮、花卉、苗木等的耕地，以及其他临时改变用途的耕地。耕地中又分出灌溉水田、水浇地、旱地 3 个二级地类。

耕地面积的计算方法是：年初耕地面积，加上当年增加的耕地面积、减去当年减少的耕地面积。当年增加的耕地面积是指本年度内因新开荒（本年度已种上农作物的新开垦荒地）、基建占地还耕、河水淤积、平整土地和治山、治水等原因而增加的耕地面积。当年减少的耕地面积是指本年度国家基建占地（指经县以上政府主管部门批准的因兴修水利、修筑公路、铁路、民航机场、修建工矿企业、建设机关学校用房实际占用的耕地）、乡村集体基建占地（乡村新建或扩建乡村企业、兴修水利工程、修筑公路及建设办公室和生产设施，如晒场、畜棚、猪圈等基本建设而实际占用的耕地）、农民个人建房占地、退耕造林面积、退耕改牧面积，以及因自然灾害废弃而实际减少的耕地面积。

耕地面积比能表征这个地区对土地资源的开发利用程度。

计算公式：

$$耕地面积比=耕地面积/土地面积 \tag{7-8}$$

6）用电量

用电量被看成经济活跃度的表征。

7.5.5 污染排放指标

1）单位面积化肥施用量

单位面积化肥施用量是指本年内实际用于农业生产的化肥数量，包括氮肥、磷肥、钾肥和复合肥。化肥施用量要求按折纯量计算数量。折纯量是指把氮肥、磷肥、钾肥分别按含氮、含五氧化二磷、含氧化钾的百分之一百成分进行折算后的数量。复合肥按其所含主要成分折算。

化肥都是由各种不同的盐类组成，所以长期和大量施用这些由盐类组成的肥料，当肥料进入土壤后，就会增加土壤溶液的浓度而产生不同大小施用化肥造成的污染的渗透压，长期过量而单纯施用化学肥料，会使土壤酸化。土壤溶液中和土壤微团上有机、无机复合体的铵离子量增加，并代换 Ca^{2+}、Mg^{2+} 等，使土壤胶体分散，土壤结构破坏，土地板结，并直接影响农业生产成本和作物的产量与质量。大气中氮氧化物含量增加。施用于农田的氮肥，有相当数量直接从土壤表面挥发成气体，进入大气。还有相当一部分以有机或无机氮形态进入土壤，在土壤微生物作用下会从难溶态、吸附态和水溶态的氮化合物转化成氮和氮氧化物，进入大气，对环境造成污染。因此用单位面积化肥使用量表征发展社会经济过程对环境的污染程度。

2）单位面积农药施用量

农药施用后，一部分附着于植物体上，或渗入株体内残留下来，使粮、菜、水果等受到污染；另一部分散落在土壤上（有时则是直接施于土壤中）或蒸发、散逸到空气中，或随雨水及农田排水流入河湖，污染水体和水生生物。农产品的残留农药通过饲料，污染禽畜产品。农药残留通过大气、水体、土壤、食品，最终进入人体，引起各种慢性或急性病害。易造成环境污染及危害较大的农药，主要是那些性质稳定、在环境或生物体内不易降解转化，而又有一定毒性的品种，如滴滴涕（DDT）等持久性高残留农药。与单位面积农药施用量一样，表征发展社会经济过程中对环境的污染程度。

3）单位面积工业废水排放量

工业废水排放量是指报告期内经过企业厂区所有排放口排到企业外部的工业废水量。包括生产废水、外排的直接冷却水、超标排放的矿井地下水和与工业废水混排的厂区生活污水，不包括外排的间接冷却水（清污不分流的间接冷却水应计算在废水排放量内）。有机固体悬浮物污染，重金属污染，酸污染，碱污染，植物营养物质污染，热污染，病原体污染等。许多污染物有颜色、臭味或易生泡沫，工业废水常呈现使人厌恶的外观，造成水体大面积污染，直接威胁人民群众的生命和健康，控制工业废水显得尤为重要。因此用工业废水表征发展社会经济过程中污水排放程度。

第8章 复合型重要生态功能区资源环境承载力评价指标

8.1 复合型重要生态功能区的概念

重要生态功能区是指对于维护我国生态系统结构和功能起到关键作用的区域，其首要目标是保证生态系统的结构稳定和功能完善的地区。关于复合重要生态功能区的概念，本书首次提出，界定复合重要生态功能区是以复合生态系统为主导的重要生态功能区，复合生态系统是由人类社会、经济活动和自然条件共同组合而成的生态功能统一体。在社会—经济—自然复合生态系统中，人类是主体，环境部分包括人的栖息劳作环境（包括地理环境、生物环境、构筑设施环境）、区域生态环境（包括原材料供给的源、产品和废弃物消纳的汇及缓冲调节的库）及社会文化环境（包括体制、组织、文化、技术等），它们与人类的生存和发展休戚相关，具有生产、生活、供给、接纳、控制和缓冲功能，构成错综复杂的生态关系，复合重要生态功能区景观如图8-1所示。在进行重要生态功能区资源环境承载力评价的过程中，根据评价区的土地利用类型所占比例，界定出评价区的核心生态系统类型是森林生态系统、草地生态系统、湿地生态系统还是复合生态系统，依据不同类型生态系统的功能和状态选取适宜的指标。

图 8-1 复合重要生态功能区景观

8.2 复合重要生态功能区生态问题分析

8.2.1 复合生态系统的特点

1. 综合性

生态系统是由多个子系统组成，各子系统又是由各种要素错综复杂相互作用相互制约形成的，它不是由多个独立的子系统简单的叠加形成的综合系统，而是由各子系统耦合而成的结构更复杂、层次更高、组合更紧密的复合系统，其综合性不仅体现在系统中各要素复杂的相互关系，而且体现在各子系统之间相互影响相互制衡的关系。

2. 整体性

生态系统是一个诸多子系统与要素相互联系、相互制约的整体。各子系统之间和要素存在紧密的相互联系，任何一个子系统的变化均将影响其他子系统的变化，要素之间的相关性极高，一个要素的变化将通过系统内的物质能量、信息流等方式相互影响。

整体性既体现子系统间的协调，也表现在子系统间的竞争。子系统间既协同又竞争的关系使复合生态系统得以构成一个有机整体，子系统间相互适应，协同组合，系统整体性功能就强，反之则弱。

3. 开放性

生态系统是个耗散结构，是一个远离平衡的开放系统。不仅系统内部存在物质、能量、信息等的交流，作为一个整体与系统外也存在物质、能量和信息流等的交换。

4. 地域性

不同地区的生态系统具有不同的特征，其分布组合有明显的区域性，显现出明显的地区差异。地域性的形成不仅由于各地所处自然环境和自然资源的差异性，而且取决于各地经济和社会的差异性。认识复合生态系统的地域性对于因地制宜，分类指导区域发展具有重要意义。

5. 循环性

复合生态系统本质的特征应该是循环性。即在系统中物质能量形成闭合或非闭合的循环，实现物质和能量多梯次利用，以及信息的有效传递，建立物质能量输入减量化、废弃物再利用、资源再循环的生产生态链。包括物质循环利用，如水循环利用、垃圾循环利用、余热的再利用等。作为纯自然的生态系统循环仅限于自然要素之间，一旦融合了社会经济系统，这种循环性突破了原有的自然范畴，循环成为复合生态系统良性发展的必需途径，调控复合生态系统主要是要实现在信息指导下的物质的循环利用，尤其要使废弃物进入再循环。缺此将导致系统衰退。

6. 异质性

非复合生态系统由相对同质的生境组成，如农田生态系统、森林生态系统、湖泊生态系统等，复合生态系统是由若干不同质的生态系统组成，相对异质性是区别复合与非复合生态系统的重要标志。因此景观是复合生态系统的空间表象，复合生态系统是景观的内涵。目前的景观均留下人类经济活动的烙印，实质是复合生态系统中人与自然关系的痕迹。景观表现出的多相（季相、地相等）特征和流态特征是自然和社会经济的循环特征。调节复合生态系统各子系统及各要素的关系，保护异质性，使系统具有多样性，有利于系统的自然和经济社会循环更好地融合。

7. 共存性

离开循环，复合生态系统只能成为无机的结构。这种循环是以自然系统的循环为基础的。人类社会经济活动进入循环后则构成更复杂的循环，或是循环链，或是循环网，均是自然系统与社会经济系统的共存性。这种共存性是以自然再生产为基础，和经济再生产相互交织的有机统一，是以自然生产力为基础，与社会经济活动产生的社会生产力的有机融合。加强复合生态系统的共存性实质是要保持其相互融合的循环关系。

8. 主体性

人类经济活动的日益强化奠定了人类在生物中的主体地位，生物与环境的关系变成人类与生物及环境的关系，人类这种主体地位的增强必须建立在与生物环境的和谐状态，绝不是主宰地位。人类是促进复合生态系统良性循环的调控者，如调控不当就破坏这种循环。人类主体性表现在人类在复合生态系统中既是生产者也是消费者，又是分解者和调控者；生物与环境的关系中生物群落变成人类群体社会，其他生物成为环境的一个因素。

9. 层次性

复合生态系统的层次性在于其尺度的大小。非复合生态系统往往以研究的区域为对象划分不同等级，而复合生态系统则以人类经济活动的尺度为划分依据。完全不受人类影响和干预，靠系统内生物与环境本身的自我调节能力维持系统的平衡与稳定的纯自然生态系统已极为少见，极地、冻原、个别原始森林等可勉强称得上，更多的是受人类经济社会活动影响或强烈干预的复合生态系统，如全球复合生态系统、大陆复合生态系统、海洋复合生态系统、城镇复合生态系统等。

10. 线性与非线性

复合生态系统中虽然存在着线性关系，即子系统中要素之间存在线性关系，成正比例变化，如经济子系统中许多要素是互为消长的。但复合系统各要素主要是非线性关系，整个系统的整体功能是不能从其子系统的简单叠加而得到的。系统物质、能量、信息的输入与输出不可能是等量的，通常是输入大于输出，形成非线性的输入关系（石建平，2005）。

8.2.2 我国复合重要生态功能区存在的主要问题

1. 三大子系统的发展失衡问题

自然子系统的发展变化受自然规律的制约，来自地球内部的内力与来自太阳能的外力相互作用主导着自然子系统的发展演变。从人类历史的时间尺度来看，自然子系统的发展变化相对稳定，除已被人类认识到的周日节律和周年节律外，还有很多发展演进的规律有待人们进一步认识，如地震活动的规律、气候变化的规律等。同时自然子系统所能提供的空间资源、太阳能流量、淡水循环量等人类生存发展的最基本资源也是相对固定的。经济子系统的发展变化受经济规律的制约，并通过物质、能量的交流影响和受制于自然子系统。价值规律主导着经济子系统的发展演变，并协调着经济子系统与自然子系统、社会子系统的关系。在市场经济体制下，价值规律是高效配置稀缺资源最有效的手段。社会子系统的发展变化受社会规律的制约。生产力决定生产关系、经济基础决定上层建筑这一社会发展的规律主导着社会子系统的发展演变。当然人口的数量、质量、知识、技能、消费习惯也是影响经济子系统发展的关键因素；而人们的科学技术、知识水平、传统习惯、道德伦理以及对自然的认识和态度更是人类影响自然能力的重要因素。人类复合生态系统三个子系统之间可以通过物质循环、能量流动和信息传递密切地联系在一起，在自然状况下也可以通过三个子系统之间的正负反馈作用协调三方质和量的关系。但是这种自然调节作用从人类利益的角度来讲存在一些缺陷，主要表现在三个方面：一是调节的目标不同，自然调节是以自然子系统的发展为根本目标，以自然规律为准绳对复合系统的调节，不一定符合人类社会的根本利益。二是调节的时效性较差。包含系统之间物质能量流动质和量关系的信息流，在没有附加人类智慧理解的前提下是隐性的，自然状况下三大子系统对这种信息的接受和反馈更多的是体现在生物代际变化和生产的完整周期之后的调整上，因此这种调整具有明显的滞后性。三是调节的方式难以让人接受。自然调节多数情况下是以"破旧立新"的方式进行，在老平衡未破的情况下可能伴随着较大的损失，如自然子系统中物种大量的死亡、经济子系统中周期性的经济危机、社会子系统中瘟疫流行等；原有的平衡打破又可能形成一种不符合人类根本利益的新的平衡。

2. 复合重要生态功能区的城市化问题

从复合生态系统的角度分析，城市化的水平和速度应该与经济发展、社会进步和资源环境约束力相适应。自由竞争阶段，资源、环境的容量远没有饱和，人类对城市化的作用意义还没有清楚的认识，城市化过程是在经济发展，特别是工业化的自由带动下自发演进的，各种法律制度更多地表现为城市化的阻力。这一时期，城市化的水平和速度一般是低于理想值的。进入现代社会后，城市化的驱动力趋于多元化，除经济子系统中第一产业发展的推力和第二、第三产业发展的拉力，自然子系统中资源环境的约束力外，社会子系统中各种计划、规划的带动力和规章制度的牵制力都同时发生作用。特别是规划、制度等社会作用力与当事人或机构的观念、立场、思考问题的方式、角度密切相关，因而具有很大的可塑性。因此，社会作用力既可以表现为计划规划和行政行为对城市化的促进作用；也可以表现为各种规章制度对城市化的阻碍和牵制作用。所以这一时期，城市化的水平和速度既可能高于理想值，也可能低于理想值。一般来讲城市化的水平和速度高于理想值时，资源环境的压力会增大，经济发展不能提供出足够的就业岗位，城市失业率会升高，城市社会保障体系供不应求，贫民窟现象会加剧，社会矛盾会激化，城市化的社会效益和环境效益会下降。城市化的水平和速度低于理想值时，城市第二、第三产业就业人员不足，农村出现大量剩余劳力，农民工现象非常普遍，社会需求总体不足，城乡差异日益扩大，城市化水平低成为经济发展和社会进步的限制性因素（王亚力，2010）。

8.2.3 复合生态系统良性循环的影响因素

由于复合生态系统是经济、社会、资源与环境的复合体，决定了实现复合生态系统良性循环状况影响因素更加复杂，从系统论观点出发，决定系统的优化不仅取决于各子系统协调发展，而且要实现良性循环使各子系统相互融合达到最优组合状态，使组合后复合系统的整体功能实现最优化。复合生态系统的良性循环包括经济系统、社会系统、资源与环境系统形成良性循环，只有子系统是处于良性循环状态，复合生态系统才可能实现良性循环状态，同时，要求子系统之间保持物质、能量和信息流通过系统自组织作用通畅运行和最佳利用，并通过再组织机制使其功能更加强化。这不仅要求经济系统提供强有力的物质支撑，也包括社会系统中人口保持高素质状态和提供有效的技术支持；不仅要求自然资源合理利用，也要求废弃物排放最小化，提高废弃物的处理程度，减轻环境的压力。综合分析，影响复合生态系统良性循环的主要因素包括以下五个方面。

1. 自然资源因素

复合生态系统的良性循环，首先取决于自然系统的良性循环，即由资源环境众多要素构成的自然循环不应受到破坏，如果自然循环被破坏，那么整个复合生态系统的基础就要受到影响。自然资源通过各生态系统之间的广泛联系形成一个整体，自然资源和微观经济生产活动与整个社会的宏观经济系统相连。就一个区域而言，不仅自然资源的数量、质量以及组合关系等内部禀赋条件影响着良性循环的程度，更主要地在于由于资源开发利用不合理，自然资源遭破坏干扰了自然循环，使整个复合生态系统的循环被打乱，如区域水资源被破坏，水循环被干扰使系统循环介质受破坏而造成整个区域的生态破坏引发一系列连带影响；区域森林资源破坏，使系统调节功能受损，造成水土流失加剧，乃至气候变化，破坏水分循环而影响整个生态系统循环；土地资源、海洋资源、矿产资源等遭破坏也将带来良性循环的损害。例如，一个洪涝灾害影响的过程是一个自然系统恶性循环的过程。洪灾造成的生态灾害链是指生态灾害形成过程以及与此过程中一系列相关生态因子相互作用、相互影响而相继出现的现象。暴雨和洪水造成水土流失、植被破坏、泥沙淤积及生态环境恶化，由此引发次生自然灾害，而次生自然灾害又反过来造成水土流失、生态环境恶化，彼此形成恶性循环。

2. 经济因素

强大的经济基础是实现复合生态系统良性循环的物质保障。经济落后可导致贫困的恶性循环圈。按美国经济学家 R.纳克斯的研究，他在《不发达国家资本形成问题》一书中提出：发展中国家在宏观经济中存在着供给和需求两个循环。从供给方面看，低收入意味着低储蓄能力，低储蓄能力引起资本形成不足，资本形成不足使生产率难以提高，低生产率又造成低收入，这样周而复始，完成一个循环。从需求方面看，低收入意味着低购买力，低购买力引起投资引诱不足，投资引诱不足使生产率难以提高，低生产率又造成低收入，这样周而复始又完成一个循环。两个循环互相影响，使经济状况无法好转，经济增长难以实现。经济系统的恶性循环与自然系统的恶性循环是紧密结合在一起的，两者互为因果。

从良性循环的角度看，经济发达地区用于资源与环境保护的投入增加，同时通过区间贸易调配资源，开展加工贸易减轻对环境资源的压力，技术投入大，产业结构层次较高，在产业结构上就保证了这些地区低消耗、高产出、少污染，资源消费与环境污染减少，同时治理成本低，又有足够的资金用于环境治理，良好的生态环境增加投资环境的吸引力，吸引较高层次的产业进入，集聚资本、技术和人才，也促进经济发展，经济、社会和资源环境形成良性循环。经济落后地区资源并不匮乏，需要采取加大资本投入的策略，但投入不足往往导致忽视资源的综合利用与环境污染治理，造成资源粗放开发废弃物增多；环保投入不足无力治理环境，造成环境污染加剧；人口剧增造成资源环境承载压力增大，又引起过度开垦、放牧和砍伐，以维持庞大的人口规模。随之而来的土地侵蚀、水土流失加剧、环境退化、造成土地生产力下降、环境状况恶化、投资环境变差，影响生产要素集聚，进一步加深贫困，形成恶性循环。经济欠发达地区是一种特殊经济地域类型，不只是贫穷落后、发展困难，主要是复合生态系统中各子系统形成恶性循环，多重交叉、自我演替，成为一种低水平、无序发展的经济、社会、资源环境复合系统。

3. 社会因素影响

复合生态系统良性循环的社会因素主要包括人口数量与质量状态。良好的生态循环状况与人的数量和素质关系极为密切，在发展中国家人口得不到有效控制，维持庞大人口数量需要相应的资源环境容量和承载，超过资源环境的容量将使复合生态系统处于超负荷状况。人口数量对经济、社会和资源环境复合生态系统影响主要表现在人口增长过快，数量过大，加大资源压力，破坏自然资源的循环，如森林滥伐后的退化、土地滥垦造成水土流失等，制约经济社会发展，造成人均水平下降，生活质量下降，就业压力增大，使社会经济的良性循环受到影响，人口的增长同时出现了人口老龄化现象，增大了社会抚养成本，限制社会保障体系的完善。实现复合系统良性循环必须建立适度的人口规模，迄今学术界开展适度人口的研究已取得重要成果，孙本文教授 1957 年首次提出我国最适宜人口数量为 8 亿的人口容量值，之后我国学者从水资源、土地资源等承载力研究适度人口规模。宋健、孙以萍研究认为，100年后我国平均食品生产量将达到 20 世纪 90 年代中期 2～5 倍左右，届时我国居民饮食水平将达到美国和法国 90 年代水平。经过计算，适宜人口数量应控制在 6.8 亿以下；宋子成、孙以萍根据我国淡水资源的状况，认为若按人均用水量 890m^3 推算，100 年后我国最多只能养活 6.5 亿人；田雪原等从经济发展角度研究我国适度人口 6.5 亿～7 亿人最为有利；王浣生利用多目标决策分析，对我国环境人口容量的估算是 7 亿～10 亿人。

关于人口数量对良性循环以及资源环境承载的影响，许多人举出日本或新加坡人口密度大仍能维持经济高水平运行，说明资源环境的人口承载弹性很大。笔者认为，日本人口密度大，国土狭小能承载起数量较多的人口，就如一个远离平衡态的开放系统，需要从系统外输入大量能源、原材料等才能维持系统运转。日本是以世界作为原料、燃料的供应地，以复合生态系统开放的观念依靠雄厚的资本进行跨国的物质、能量和信息输入，维持庞大的经济需求，国内又以高度的循环化机制建立起资源节约与废弃物再利用的经济体系和消费体系，具有高效的开放系统特征。因而具有较大的承载，但这种状况很容易受外部经济波动的影响。维持复合生态系统良性循环不仅人口数量起作用，人口的素质与有效的管理也起了重要作用。高素质的人口具有较强的资源环境保护意识，全社会的节能节水与垃圾的资源化程度虽然与技术经济有关，但主要取决于社会公众的参与程度。科学文化素质的高低对自然资源的循环有着重要意义，不仅可提高开发利用自然资源的水平，也使废弃物的比例降低并能再生利用，降低物耗和产出水平。人口素质高使社会经济的循环得以实现，自然的循环得以维护，人们从生产过程、产品设计、消费回收，特别是在消费环节少产生废弃物，多实现资源化，将推动社会的大循环。人口素质低可能造成过多劳动力分布在较低的加工层次，而在层次较高的专业分工方面缺乏足够数量和质量的劳动力，以至于在物质循环的某些环节出现物流不畅，甚至中断的现象，从而出现大量废弃物，形成结构性浪费现象。

4. 信息和技术因素

新科技革命对人地关系和复合生态系统演替产生新的影响，赋予了新的观念。前已述及，当人类逐步跨入信息社会的时候，信息在复合生态系统中起着越来越重要的作用，它与物质、能量流一起构成现代经济社会系统，又对经济社会起着指导和引导作用，物流的设计依靠信息技术，信息连接生产、流通与消费环节，使物质循环和能量传递高效化。同时，信息技术的应用扩大了复合生态系统物质能量流动的空间，成为经济全球化的重要手段。技术因素是促进复合生态系统良性循环的强大动力，技术进步可以提高资源利用效率，节约资源，减少资源损耗，促进资源替代，是解决资源短缺问题的关键因素；技术进步促进环境污染的治理，减少"三废"的排放，使废弃物资源化，提高废弃物处理的效率，减轻环境的压力；科技进步可以提高劳动生产率，提高经济的集约化水平，由于技术因素的介入使系统加强良性循环运动。但也不可以否认，科学技术对于资源环境而言是一把双刃剑，如果应用不当也对环境资源产生负面影响。例如，科技投入的军事斗争，往往造成对环境生态的巨大影响；核反应堆发生了事故对生态环境影响极富破坏力和潜伏性；科技因素既是实现复合生态系统良性循环的促进因素，同时也可以成为损坏良性循环的触发因子。爆破技术不仅对工程建设产生有利推动，而且对人类和环境带来杀伤；微生物技术可以促进生物工程和生物经济的发展，也可以制成对环境和人类有巨大影响的生物武器。

5. 环境因素

人类的经济社会活动从环境中取得自然资源，并将其加工成满足人类生存发展的各种产品，在生产中和消费后的废物或消费后的产品返回到环境，由于这些废弃物绝大多数不为自然环境所分解、降解就造成了自然循环的中断阻塞问题。环境污染和废弃物的增加将造成强大的环境压力。一方面由于环境污染数量和废弃物的积累对复合生态系统水体的破坏和空间的占用，反馈到自然循环的体系中造成循环的阻断。复合生态系统恶性循环的环境因素就是从输出端中排放的大量废弃物得不到再利用造成环境的压力形成的；另一方面环境的自净能力与废弃物的分解能力的强弱对系统良性循环影响较大。环境的自净能力从系统循环的观点看就是系统的循环能力，如水系统出现障碍就会造成水体纳污能力降低而造成环境损害（石建平，2005）。

8.2.4 复合生态系统良性循环的实施框架

1. 农业复合生态系统良性循环的构建

农业生态系统良性循环是指在一定的周期里，农业生态系统内有限的物质循环和能量转化被人类所取的数量没有超过其限度。其标志是农业资源得到保护和增强。农业运动是农业系统中物质循环和能量转换运动，人类在农业生态系统中取走果实、茎秆等不超过周期物质循环和能量转化的数量，即输出小于输入或输入平等，其表现是水土保持良好，地力不断提高，资源不断丰富；其次是森林的生长量要大于砍伐量，以保证森林对稳定农业的生态系统的作用；最后是减少水资源的污染和保持资源合理利用，避免资源的衰竭，保护人类的生存和生物资源。生态农业系统是一种社会—经济—自然复合生态系统，它不仅有生物（动物、植物、微生物）组成和环境条件（光、热、水、气、土）组成，还包括人类生产活动和社会经济政治条件，是这些复杂因素组成的多层次、多因子的统一体。

2. 工业复合生态系统良性循环的构建

生态工业园发展的雏形是丹麦的卡伦堡工业共生体，园区内企业相互合作，并有效地分享资源和各种要素，形成原材料和能源交换的工业体系，达到能流、原材料使用以及废弃的最小化。20世纪70年代以来丹麦卡伦堡工业共生体的出现与所取得的进展，使工业生态学倡导者和政府部门管理者们看到了通过工业生态学实现可持续发展的现实希望。目前在选择生态工业园区时仍然没有把握住生态工业园的本质要求。生态工业园区是继经济技术开发区、高新技术产业开发区发展的新一代产业园区，它是以良性循环理论指导的，建立在园区物质、能量循环利用和信息化调控基础上，通过园区企业副产品和废弃物的利用、能量和废水的梯级利用、基础设施和信息资源共享的新型园区，它不是一般意义上的绿化好、环境优美或基础设施共享的概念，也不是单纯的清洁生产的概念，而是建立新型的循环产业链条，上中下游原料、废弃物和能量的梯级使用，并建立不同工业产业链，使园区内企业有机地联系，形成互用互供，环环与链条相扣的生态良性循环体系，建设生态工业园就是要组织企业之间产品—原料—废弃物的互相联结循环利用。

3. 城市复合生态系统良性循环的构建

城市复合生态系统是以人类为中心，结构复杂，开放的物质流、能量流、信息流最集中且传输迅速的系统，同时是一个生产、消费和废弃物集聚的系统，是物质、能量、信息流基础上人口流、价值流的集聚地。生态城市的设计侧重于自然生态系统的仿效，强调了城市的生态功能，侧重于生态学和城市规划等单一子系统，系统地从良性循环发展角度对城市建设的研究则很少。光以绿化、绿地、森林等作为生态城市的唯一标准或当成可持续发展主要目标的城市生态环境保护目标是狭隘的，绿色小区、绿色城市、森林城市等不是良性循环城市的核心，只是一些基本条件或环境条件，一些大城市是绿化水平高的城市，它却产生大量废弃物，污水排放到河域或近海，为保护本地的自然环境而牺牲其他地区的环境不是可持续发展的城市。城市良性循环应是在限定空间内的资源循环过程，减少资源消耗、增加资源重复利用和资源循环再生是走实现城市良性循环不可缺少的步骤。

城市良性循环的建立就是要以复合生态系统良性循环理念为指导思想，把清洁生产、生态工业、生态农业、生态住宅、生态消费等措施整合起来，形成一套系统的战略和机制，调整城市空间结构与布局，调整优化城市经济结构、消费结构，并把良性循环观念融入到城市规划、城市设计、城市功能区和城市建设等环节。通过城市各子系统及其内部的物质循环利用，能量高效利用和信息共享，实现"低开采、高利用、低排放、强循环"，把经济社会活动的循环融入到自然生态系统循环中。城市系统良性循环包括如下内容：①城市循环设计与建设。在城市的总体设计、分区设计、小区设计等均要贯穿循环经济理念，为建立城市良性循环奠定规划基础。包括城市供水与排水管网及设施建设、污水处理与垃圾处理厂建设、城市绿地、绿化、城市林地与城市森林带建设。②生态产业体系建构。以循环经济的观点对城市产业进行重构，加强传统产业的生态化改造、环保产业等高技术产业发展、建设生态工业园区，促进产业间关联耦合与循环共生。大力发展城郊型有机农业、绿色产品。③城市能源体系的构建。大力发展电力、煤气、燃气等清洁能源，推行热电联产，发展垃圾发电，加强城市节能工作。④绿色消费体系构建。提高公民绿色消费意识，大力推行绿色包装，开发绿色产品，发展资源再生产业。⑤生态住宅建设。包括循环型小区、开发建设生态住宅。在城市社区和小区建立循环型社区，提高水资源循环利用率，推行垃圾分类袋装，提高资源化程度（石建平，2005）。

8.3 复合重要生态功能区资源环境承载力评价指标体系

复合重要生态功能区资源环境承载力评价指标体系应当与复合生态系统的结构相一致。由多种生态系统共同构成的复合生态系统，具有一定的层次性。在大量调查研究和试验研究的基础上，经过反复分析筛选，第一层为复合重要生态功能区资源环境承载力，第二层由生态支撑力、资源消耗指数和环境污染指数子系统组成，这些子系统相互联系，相互影响，构成复合生态系统。其中，森林、草地、农田是复合型生态系统类型区最重要的三种生态系统类型，也是受人类影响最大的三种生态系统类型，因此，复合重要生态功能区资源环境承载力评价主要是针对以上三种生态系统类型。

与复合生态系统的层次性结构相对应，复合重要生态功能区资源环境承载力评价指标体系也包括三个层次，依次为目标层、制约层和要素层。在评价指标体系的各个层面中，每一层中的因子对比它高一级的层面都有一定的权重贡献。

目标层是评价指标体系的最高层，它反映整个复合重要生态功能区资源环境承载力状况以及人类活动对生态系统的影响程度。制约层包括森林、草地和农田三个子系统，这些子系统分别反映了区域复合生态系统某一方面的承载力状况。要素层分别属于不同的子系统，通过一系列具体的指标反映各生态承载力要素的状况，通过各评价指标的聚合分析，可以分别了解子系统和区域复合生态系统的承载力状况。复合重要生态功能区资源环境承载力评价指标体系中，资源消耗与环境污染方面的指标以农林牧生态系统为主，复合重要生态功能区资源环境承载力评价指标体系结构如图 8-2 和表 8-1 所示。

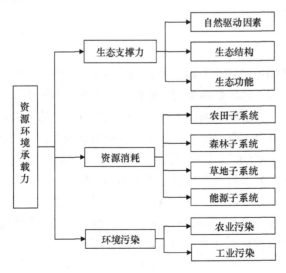

图 8-2　复合重要生态功能区资源环境承载力指标体系结构

表 8-1 复合重要生态功能区资源环境承载力指标体系

目标层	要素层	准则层	指标层
复合生态系统类型区资源环境承载力	生态支撑力	自然驱动力	年均降水量
			年均温
			平均海拔
		生态结构	植被覆盖率
			非重要生态功能区面积比
			生物丰度
			叶面积指数
		生态功能	第一性生产力
			土壤侵蚀
	社会经济压力	资源能源消耗	耕地压力指数
			草地资源压力指数
			森林资源压力指数
			能源消费总量
		环境污染排放	农用化肥施用量
			工业烟尘排放量
			工业废水排放量

8.4 典型复合生态系统类型区资源环境承载力指标研究

祁连山水源涵养防风固沙重要区坐落于我国西部八大雪山之一的祁连山以及受祁连山冰雪融水所灌溉的河西走廊，涉及 16 个县，总面积 11.5 万 km²，其中重点生态保护区域面积为 4.29 万 km²，地理位置为 93°30′～103°E，36°30′-39°30′N。可划分为祁连山水源涵养区和河西走廊防风固沙重要区。祁连山水源涵养区为黑河、石羊河、疏勒河、青海湖等几大内陆河水系和湟水、大通河外流水系的发源地；河西走廊具有干湿交错带、农牧交错带、森林边缘带以及沙漠边缘带等多种生态环境脆弱带。如图 8-3 所示。

8.4.1 自然生态概况

1. 区域地理位置

典型复合生态系统类型区包括甘肃河西走廊和青海部分地区，南部是祁连山森林生态系统，蕴藏着丰富的水资源，北部是典型的戈壁沙漠，中部分布着不连续的绿洲。它们三者都是不同的生态系统，各生态系统之间相互制约，相互影响，而祁连山森林是甘肃河西陆地生态系统的主体，在维护整个生态系统平衡方面起着决定性的作用。祁连山森林地处欧亚大陆腹地，远离海洋，镶嵌分布于广大草原荒漠景观之中，山地周围被干旱荒漠、半荒漠、草地、沙漠和盐碱荒地所包围。如果没有山地森林涵养水源、保护冰川、调节气候与供水，内陆河流就会枯竭，绿洲就难以存在，风沙就会逼近。正是有了祁连山水源涵养林，才形成了石羊河、黑河、疏勒河三大水系，56 条内陆河流，以及丰富的地下水资源，灌溉着甘肃河西走廊的万顷农田，养育着甘肃河西 480 多万人民。

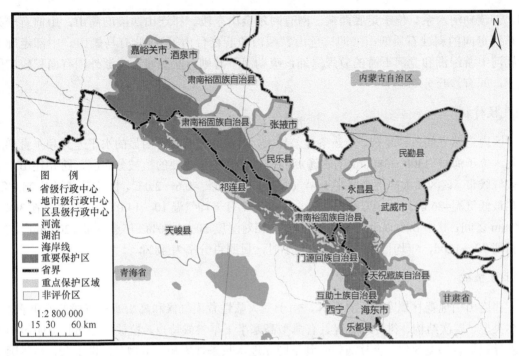

图 8-3 典型复合生态系统类型区位置图

2. 地形地貌

祁连山位于青藏、黄土两大高原和蒙新荒漠的交汇处，境内山势由西北走向东南，起伏延绵千余千米，相对高差较大，主峰祁连南山素珠链峰高5547m。祁连山不仅有冰川和永久积雪，而且还是黑河、石羊河、疏勒河、青海湖等几大内陆河水系和湟水、大通河外流水系的发源地。

河西走廊属于祁连山地槽边缘拗陷带。喜马拉雅运动时，祁连山大幅度隆升，走廊接受了大量新生代以来的洪积、冲积物。自南而北，依次出现南山北麓坡积带、洪积带、洪积冲积带、冲积带和北山南麓坡积带。走廊地势平坦，一般海拔1500m左右。沿河冲积平原形成武威、张掖、酒泉等大片绿洲。其余广大地区以风力作用和干燥剥蚀作用为主，戈壁和沙漠广泛分布，尤以嘉峪关以西戈壁面积广大，绿洲面积更小。在河西走廊山地的周围，由山区河流搬运下来的物质堆积于山前，形成相互毗连的山前倾斜平原。在较大的河流下游，还分布着冲积平原。这些地区地势平坦、土质肥沃、引水灌溉条件好，便于开发利用，是河西走廊绿洲主要的分布地区。

河西走廊气候干旱，许多地方年降水量不足200mm，但祁连山冰雪融水丰富，灌溉农业发达。以黑山、宽台山和大黄山为界将走廊分隔为石羊河、黑河和疏勒河3大内流水系，均发源于祁连山，由冰雪融化水和雨水补给，冬季普遍结冰。各河出山后，大部分渗入戈壁滩形成潜流，或被绿洲利用灌溉，仅较大河流下游注入终端湖。①石羊河水系。位于走廊东段，南面祁连山前山地区为黄土梁峁地貌及山麓洪积冲积扇，北部以沙砾荒漠为主，并有剥蚀石质山地和残丘。东部为腾格里沙漠，中部是武威盆地。②黑河水系。东西介于大黄山和嘉峪关之间。大部分为砾质荒漠和沙砾质荒漠，北缘多沙丘分布。唯张掖、临泽、高台之间及酒泉一带形成大面积绿洲，是河西重要农业区。自古有"金张掖、银武威"之

127

称。③疏勒河水系。位于走廊西端。南有阿尔金山东段、祁连山西段的高山，山前有一列近东西走向的剥蚀石质低山（即三危山、截山和蘑菇台山等）；北有马鬃山。中部走廊为疏勒河中游绿洲和党河下游的敦煌绿洲，疏勒河下游则为盐碱滩。绿洲外围有面积较广的戈壁，间有沙丘分布。

3. 气候特征

区内自然气候条件复杂、水热条件差异大，植被的分布具有明显的水平差异和垂直梯度变化。位于海拔 2300~3800m 的水源涵养林是祁连山最主要的植被分布区，跨祁连山三个植被气候带。该区属大陆性高寒半干旱气候，年平均气温-0.6~2.0℃，极端最高气温 28.0℃，极端最低气温-36.0℃，≥10℃积温 200~1130℃，7月平均气温 10~14.0℃。年降水量在 300~600mm 之间，其中 60%以上集中在 6~9 月，相对湿度 50%~70%，年蒸发量 1200mm 左右，无霜期 90~120d，年均日照时数 2130.5 小时，日照百分率为 48%。

4. 土壤植被

祁连山山地森林属寒温性针叶林，由于受大陆性荒漠气候和高山寒冷气候的双重影响，森林类型、层次结构、树种组成等具有典型高寒半干旱气候特点，植被的分布具有明显的水平差异和垂直梯度变化。森林演替受到不同立地水热条件影响，生物多样性复杂，是我国西北地区重要的生物基因库。位于海拔 2300~3800m 的水源涵养林是祁连山最主要的植被分布区，跨祁连山三个植被气候带。主要有干性灌丛林、青海云杉林、祁连圆柏林、湿性灌丛林四大林型，零星分布有杨、桦林。祁连山水源涵养林具有涵养水源、保持水土、保护生物多样性等多种生态防护功能，是祁连山及河西走廊绿洲生态系统的主体，每年涵养存储放出 72.6 亿 m^3 的水，流经石羊河、黑河、疏勒河三大水系的 56 条内陆河，养育着河西 400 万人民，是河西走廊及蒙西荒漠区生命的摇篮。

5. 生态环境现状

用资源环境承载力评价体系中包含的指标来定量表示研究区生态环境现状，各指标数据的获取方式见表 8-2。

生态系统在不受干扰的情况下，将会按照自身的规律不断演化，形成各种适合当地生态环境的顶极群落，这种状态是一种相对稳定的状态。但祁连山地区的许多生态系统类型都受到人为干扰，改变了原有的演替规律。青海云杉林是祁连山水源林演替的主体顶极群落，湿性灌木林是高寒冻土地区的顶极群落，灌木云杉林是亚顶极群落。水源林的演替顺序依次为干性灌木林—灌木祁连圆柏林—灌木青海云杉和祁连圆柏混交林—灌木青海云杉林—鲜类青海云杉林或湿性灌木林。干性灌木林耐干旱、贫瘠，是入侵成林的先锋种群，目前现存的干性灌木林多分布在海拔 2300m 以下地带，是干草原与乔木林的过渡林型，其通过改善小气候和立地条件，创造了适宜乔木林生长的环境，郁闭的灌木林为耐阴、喜湿的青海云杉幼苗生长遮光、保湿，稀疏灌木林在一定程度上对祁连圆柏入侵幼苗生长起保护作用。乔木入侵后干性灌木林逐渐演替形成灌木青海云杉林、灌木祁连圆柏林；在灌木祁连圆柏林中随着青海云杉入侵形成灌木青海云杉和祁连圆柏的混交林。乔木随着生长逐渐郁闭成林，使林内光照减弱，湿度增加，林地出现苔藓，曾处于主导地位的灌木日趋退化，形成青海云杉林的

表 8-2 典型复合生态系统类型区指标数据获取方法

指标层	所需原始数据	处理方法
降水量	气象站点数据	从中国气象科学数据共享服务网下载研究区内站点气象数据及周边站点的气象数据通过 ArcGIS 空间插值，得到研究区内气象数据
年均温	气象站点数据	
平均高程	遥感 DEM 数据	通过 ArcGIS 平台，对研究区 DEM 数据进行拼接、剪裁和区域统计
景观破碎度	遥感土地利用数据	将各个县市的土地利用数据，在 Fragstats 软件中进行统计和加权计算
非植被覆盖度	遥感土地利用数据	将解译出的各个县市的土地利用类型数据进行分类统计
生物丰度	遥感土地利用数据	将解译出的各个县市的土地利用类型数据进行加权计算
叶面积指数	遥感土地利用数据	将解译出的各个县市的土地利用类型数据进行加权计算
第一性生产力	气象站点数据	由各个县市的降水量和年均温数据带入经验公式进行计算
土壤侵蚀	遥感 DEM 数据、遥感土地利用数据、遥感土壤类型数据	将所需数据在 arcgis 平台下进行加权计算
耕地压力指数	统计数据	—
载畜量	统计数据	—
森林开采量	统计数据	—
能源消费总量	统计数据	—
农用化肥施用量	统计数据	—
工业烟尘排放量	统计数据	—
工业废水排放量	统计数据	—

顶极群落。在高海拔冻土地区（3300m 以上）由于气温低、降水多、乔木林矮化、生长不良，其顶极群落为湿性灌木林，林下多分布有苔草，灌木林遭到破坏土地即沼泽化，演替成草甸草原。山杨桦木林仅仅是祁连山特殊地段、特殊环境条件下的独特林型，在祁连山东段山杨桦木林也出现在水源林的演替序列中，是乔木林的先锋类型。

1）结构

（1）祁连山区域生态系统是复合生态系统。祁连山地跨 6 个经度、3 个纬度区域，最高海拔达 5547m，气候、土壤、植被、水文、地质地貌以及环境的三向地带性变化明显。拥有农田、森林、草原、荒漠等各种生态系统类型。自然生态系统之间、自然生态系统和人工生态系统之间相互交错，相互镶嵌，组成了复杂多样的复合生态系统。

（2）生态系统类型的空间分布格局与地形条件密切相关。祁连山区水热条件垂直差异明显，从而使生态系统类型的空间分布具有明显的垂直地带性，从低海拔到高海拔植被分布依次为荒漠草原、干性灌丛草原、山地森林草原、亚高山灌丛草甸、高山寒漠草甸。除海拔高度以外，坡向对生态系统类型的空间分布也有较明显的影响，在海拔 2300～3300m 之间的森林草原带，森林主要分布于阴坡地区，阳坡地区则分布着草地和灌丛，呈现出阴坡森林阳坡草的生态格局。此外，由于祁连山地东西向较为狭长，各生态系统类型在祁连山东西段分布有较大差异，同一生态系统类型，在东段的分布下限较低，而西段的分布上限则较高；东段的生态系统的类型相对丰富，而西段生态系统类型趋向单一。

（3）草地和森林生态系统呈现镶嵌分布的格局。祁连山地处西部干旱地区，降水稀少，海拔 2300~3300m 之间的森林草原带虽然水分条件相对优越，但也仅仅是在阴坡地带才能达到森林生长的最低要求，而阳坡地带依然以草原和灌丛为主。山地草原和森林呈现镶嵌分布的格局，形成独特的林草交错带生态系统。森林和草地的相互作用，导致边缘效应增强，植被组合类型较复杂、物种丰富。对祁连山及河西走廊绿洲生态系统的平衡与稳定起到了重要作用，同时影响着牧民的放牧行为和当地的经济发展模式。

2）功能

祁连山水源涵养林是河西地区陆地生态系统的主体，它以其保护冰川、涵养水源、改善气候等特殊的生态效能，影响着河西走廊绿洲生态系统和北部荒漠生态系统的演替，对维持整个河西生态系统的平衡起着主导作用。河西地区是全国重点商品粮基地之一，年产商品粮占甘肃省商品粮总数的 70%。然而区内年降水量仅 180~400mm，蒸发量却达到 2000mm 以上，天然降水远远满足不了农业、工业和人民生活的需要。河西商品粮基地的建设以及河西人民的生产、生活、建设都依靠祁连山三大水系 56 条内陆河流的径流水和地下水，作为生存和发展的基本条件。

著名生态学家赵松岭曾对祁连山进行过深入研究，他说，祁连山水源涵养林在维持河西走廊整个生态系统的平衡和祁连山各条河流出水总量稳定方面起着决定性的作用，如果这些森林被继续采伐，那么直接后果就是源于祁连山的河流都变成季节河，那时，人们将无法对祁连山雪水进行有效利用。因为没有森林的拦截、储存和涵养作用，一到雨季，祁连山就会山洪暴发，泥沙俱下，填平水库，冲毁城市和农田，而在枯水季节，就会河流干涸，滴水皆无。因此，没有祁连山水源涵养林，也就没有河西走廊的经济发展。

山地森林消洪补枯作用主要体现在森林通过对降水截留、吸收、储存、转化，调节河川径流的时空分配。祁连山林区降水稀少、分配不均，年平均降水量为 433.6mm，降水年变幅在 326.4~519.7mm 之间，呈不稳定变化趋势，降水时空分配极不均匀，夏季秋季充沛、冬季春季稀少，春季降水仅占年降水的 6.4%，而祁连山各河流中下游地区春季用水量却占全年用水量的 50%以上，如果仅依靠降水的自然时空分配，河西地区农业生产存在严重的春旱，而实际情况是河西地区已经成为我国重点商品粮基地。这一方面是由于中下游地区大面积推广节水技术、大量开采利用地下水；另一方面是由于在各河流上游的水利工程和存在大面积森林。兴修水利投资大，而且调节径流有一定的限制；森林调节径流作用范围广、显著而持久，开发潜力大。其机制在于森林存在把夏季秋季集中、过多的降水储存在土壤内，把冬季大量积雪储存于林内，到春天随着天气回暖以冰冻形式和积雪形式储存的降水逐渐消融补给河川，满足了春季农业灌溉用水需要，同时削弱了夏季秋季洪水（王金叶和王艺林等，2001）。

祁连山的产流条件有明显的分带性，据陈隆亨和曲耀光（1992）对石羊河流域的调查，占径流形成区 50%以上面积的森林草原和草甸草原带，形成的地表径流却不足总径流量的 1/4，而面积只占 1/3 弱的灌丛草甸和高寒草甸带、高山垫状植被和冰雪寒冻带，产流量高达 3/4。由此可见，祁连山地表径流量主要形成于山地森林草原带以上，海拔超过 3400m 的高山、亚高山地带。山地森林草原带将大部分顺坡汇集而下的地表径流转化为地下径流，缓慢地补给河川。祁连山水源涵养林在径流形成过程中起着承上启下的作用，森林草原带既是重要的径流形成区，更主要的是具有涵蓄和调节径流的生态功能。

河川径流的形成是一个极其复杂的生态过程，受气象、地形、地貌、植被类型等因子制约。对单次降雨引起的河川径流，在地形、地貌等地理因子类同的情况下，主要受到流域境内森林植被状况影响。流域森林覆盖率低，单次降雨所引起的洪峰流量过程曲线陡起陡落，最大洪峰出现的时间提前，最大峰值的产流量、日径流深均显著高于森林覆盖率高的流域。

祁连山河流的水文特征与当地的植被状况有密切关系。祁连山水源涵养林研究所通过寺大隆和天涝池两个生态定位研究站对此进行了 20 多年的定位研究（王金叶等，2001）。发现，在不同观测场，河流径流受下垫面植被类型影响差异极大。单次降雨形成的地表径流，其径流特性因植被类型不同有很大差别。在一次降雨量为 13.1mn 的降雨过程中，青海云杉幼林地地表径流观测场，径流开始时间比强度放牧草地地表径流观测场推迟 48 分钟，结束时间延长 51 分钟，产流量少 77.87%，径流强度小 78.13%。寺大隆流域森林覆盖率为 32%，是天涝池流域森林覆盖率的 49.2%，一次降雨量为 26.6min 降雨所引起的河川径流过程，最大峰值的产流量、日径流深均比天涝池流域高 3.3 倍，洪峰提前 2.5 小时，说明森林植被对单次降雨所引起的洪峰流量有削弱作用，对最大洪峰的出现有滞后作用。这是由于林冠及林下地被物覆盖层对降雨的截留和再分配，大大增加了林地储水渗流时间，减弱了小流域沟壑地带的地表径流，延缓了补给河川的时间。其机制在于森林植被截蓄了一部分降水，从而减小了降雨对地面的冲击和地面所接受到的降雨量，并且森林植被提高了土壤入渗性能，使一部分降水能很快下渗到土壤中间储蓄起来，使径流量和强度都显著减小，储蓄在土壤浅层的水又缓缓流出，延长径流历时，从而起到了削减洪峰流量的作用（刘庄，2004）。

8.4.2　社会经济概况

祁连山水源涵养防风固沙重要区坐落在我国西部八大雪山之一的祁连山以及受祁连山冰雪融水所灌溉的河西走廊，涉及 16 个县，总面积为 11.5 万 km²，其中重点生态保护区域面积为 4.29 万 km²。该区域灌溉农业历史悠久，是甘肃省重要农业区之一，人均耕地面积约为 2.03 亩，它为甘肃省提供 2/3 以上的商品粮以及几乎全部的棉花和甜菜。区域内矿产资源也比较丰富，主要有玉门石油、山丹煤、金昌镍等资源，当地的煤油产业以及金属制造业也相对发达。

本区是一个少数民族聚居的地区，主要民族有藏族、裕固族、回族、土族、汉族等。全区耕地面积 12.83 万 hm²，农业人口人均占有耕地约 0.2hm²，生产经营活动以农牧业为主。根据统计年鉴资料，截至 2005 年末，祁连山自然保护区农林牧渔业总产值 941 783.13 万元，其中，农业总产值 636 287.56 万元，占总产值的比重为 67.52%；林业总产值 121 213.69 万元，占总产值的比重为 11.91%；牧业总产值 272 496.54 万元，占总产值的 28.93%；渔业总产值 2329.01 万元，占总产值的 0.24%；服务业总产值 19 455.63 万元，占总产值的 2.06%。农民人均纯收入 3 265.58 元，农民总支出 3848.87 元；有效灌溉面积 428.56 万亩，三田面积 32.43 万亩；粮食总产量 1 467 874.69t，大牲畜存栏 91.61 万头（李柏春等，2003；唐长春，2012）。

祁连山自然保护区周边产业结构单一而且低下，以粮食生产和牧业生产为支柱的资源依赖型初级产业占绝大比例。农户主要从事农业生产，林副生产相对薄弱，第二、第三产业欠缺，农产品缺乏深加工，产出效率低。据统计，2007 年全区各类产业项目实现年产值 510.40 万元，实现利润 154.49 万元，尚存在发展慢、规模小、效益差的问题。

保护区第一产业由种植业和养殖业组成。祁连山保护区属于农林牧混交区，农牧民的经济支撑主要是农牧业，全区共有农业用地 5.5686 万 hm²，牧业用地 122.1284 万 hm²，农业人口人均占有耕地约 0.20hm^2，70%以上的耕地为山旱地，受地理、气候条件的影响，农业生产水平低下，种植业比较单一，主要种植以油菜、啤酒花、大麦为主的经济作物，2007年农作物产值为 7.1546 亿元，占农业总产值的 65.21%。养殖业实现产值 20.96 万元，实现利润 6.5 万元。第一产业投资少，产业发展规模小，缺少龙头企业和特色产品，市场竞争力差，难以形成完善的产业体系。

第二产业主要由木材加工、矿产开采组成。祁连山区于 1980 年就停止了天然林生产经营性采伐，木材加工业从建区初期至 2006 年，产量基本没有变化，基本以出卖原木换取微薄收入，在保护区建立以后基本萎缩。只在有灾害木清理的年份，有少量木材加工出售，但大部分木材仍以原木形式出售。矿产开采业因资源枯竭和自然保护的需要而关闭。

第三产业主要是旅游和商业类服务。由于双重管理体制的限制，旅游和产业开发缺乏统一管理和统筹全局的总体规划，存在着条块分割的管理状况，旅游业发展缓慢，还没有充分发挥促进经济发展的作用。

李励恒（2009）通过调查访问，发现祁连山自然保护区农户主要收入来源于农牧林等农业收入和其他副业收入与外出打工收入，反映该区自身产业发展落后、不平衡。并认为总体上该地区社会经济表现为：居民生活水平低，生产力发展缓慢，经济基础薄；生态保护与生产生活互相影响，生态补偿机制不健全；生产难以得到资金的有效投入；产业结构不合理，产业、技术发展滞后；文化素质水平偏低（李励恒，2009）。

8.4.3　生态环境问题识别

祁连山的区域生态系统是自然界长期演化过程中，各种生态要素相互影响、相互作用而形成的，在基本气候背景不发生明显变化以及没有人类活动干扰的情况下，这种复合型生态系统具有相当的稳定性，这种稳定性确保了祁连山生态系统的生态功能能够得到良好的维持，确保流域生态系统的稳定。祁连山区域生态系统稳定性得以维持的内在机制是由于经过长期的演化，不同海拔高度带都由最适应当地自然环境的顶极群落所占据，每一种植被类型都分布于最适合的生境中，形成独特的干旱区山地景观。

在未受到人类活动干扰的情况下，祁连山区的自然景观类型主要包括荒漠草原景观、干性灌丛草原景观、山地森林草原景观、高山灌丛草甸景观和高山冰雪景观，每种景观类型都执行着特定的生态功能，维持着整个流域水分正常的水分循环，确保整个流域生态系统处于相对稳定状态。

林地景观的主要生态功能是水源涵养，森林和灌丛通过对降水截留、吸收、储存、转化，调节河川径流的时空分配。它们在维持河西走廊整个生态系统的平衡和祁连山各条河流出水总量稳定方面起着决定性的作用，如果这些森林和灌丛被破坏，直接后果就是源于祁连山的河流都变成季节河，水资源无法得到有效利用，进而导致中下游地区湖泊消失，绿洲面积缩小，流动沙丘面积扩大。

除此以外，其他景观类型也都拥有各自不同的生态功能。高山冰雪景观类型由常年积雪和现代冰川构成，大量水资源以固态的形式存储在这里，冰川与降水径流之间有着相互制约和补充作用，使河流的年径流量比较稳定，从而提高对绿洲供水的保证程度；荒漠灌丛和草原景观具有防风固沙的功能。由于不同的景观类型其生态功能是不可替代的，因此，原有自然景观类型的消失或分布面积的缩小以及耕地等人工景观类型的过度增加，必然导致全流域生态系统稳定性的破坏（刘庄，2004）。

由于祁连山区域生态系统是一个相互联系的整体，人类活动的影响也具有综合性，某种特定的人类活动不仅仅影响特定的生态系统类型，特定的生态系统类型也并不仅仅受到某一种人类活动的干扰。如水资源开发的主要目的是为农业生产提供水源，但由于天然水系受到改造，原有河流改道，导致下游地区的森林、灌丛由于失去水源灌溉而退化。开垦农田由于占用草地和森林导致草地和森林面积缩小，削弱区域的水土保持和水源涵养功能。

对于干旱区内陆河流域，水分循环是整个流域所有生态过程的核心，正常的水分循环功能是流域生态系统稳定性得以维持的根本保证。同时，由于干旱区内陆河的水源主要来源于上游，中下游地区基本没有水源补给，因此，上游山区也就成为决定整个流域生态功能及生态稳定性最重要的地区，其生态环境的变化将对整个流域产生巨大影响。祁连山生态系统受到干扰以后，受影响最大的地区并不是祁连山自然保护区本身，而是中、下游的河西走廊和内蒙古额济纳旗等地区。上游水资源的过量开采直接导致下游水资源的短缺，其结果是绿洲消失，土地沙化。上游森林、草地的破坏则影响水土保持和水源涵养功能，导致下游河流水量不稳定，含沙量增高。新中国成立后，黑河流域下游内蒙古额济纳旗境内生态环境急剧恶化，西、东居延海分别于 20 世纪 50 年代和 90 年代干涸，土壤沙化严重，成为我国沙尘暴的发源地之一，人类活动干扰导致的祁连山区区域生态系统结构和功能的改变是主要原因。

近几十年，由于气候变暖、植物群落简单，生态系统脆弱等自然因素，无序砍伐森林、超载过牧等人为干扰以及高发鼠虫危害，该地区的生态恶化十分严重。主要表现在以下几个方面：

1) 草地严重退化，生产能力急剧下降

祁连山地区由于严重的超载放牧（有些地区草地超载幅度可达 97%），草地退化和沙化趋势十分明显，天然草地植被覆盖度降低，产草量急剧减少，由于草地退化，导致草地牧草植株稀疏和矮化，草地上毒杂草增多，优良牧草比例明显下降，个别地区仅有 30% 左右。退化草地主要分布在祁连山地的西部和北部地区，尤其在祁连山西段的南部地区，由于该地区濒临柴达木盆地北部边缘，海拔高，气候寒冷干燥，天然草地多为高寒荒漠草原，草地退化后，草原类植物如短花针茅、沙生针茅、沙生冰草等正在急剧减少，正逐步向荒漠生态系统演化。在祁连山西段的北部地区，如走廊南山、托勒山、托勒南山等高海拔的山地和滩地，多分布高寒干草原和草原化草甸，目前正大面积退化为沙化草地，逐步向高寒荒漠草地演替。

2) 生态逆向演替，森林功能弱化

随着长期的气候变化和人为破坏，特别是清末至民国时期，农业垦殖、木材买卖、矿产开发、生活用炭、建筑用材等，造成了祁连山森林植被的大幅度减少，森林仅分布于酒泉以东的深山，浅山百余里内不见森林，林缘已由海拔 1900m 上升到 2300m。据 2000 年初资料，祁连山地森林面积仅为 121.24 万 hm^2，比 20 世纪 50 年代又减少了 1/5，森林覆盖率仅为 8.2%，其中乔木林面积只有 35.02 万 hm^2。近几十年来，由于自然和人类活动的干扰，区域内森林资源不断减少，祁连山区已经呈现出分层递阶逆向蚕食演替景象，乔木林演变成灌木林或疏林地，灌木林和疏林演变成草地，草地被开垦为耕地或直接退化成沙地。森林、草原和湿地生态系统对经济社会发展的支撑能力严重削弱。由于祁连山森林面积的大幅度减少和林分质量的明显下降，森林的水源涵养功能退化，出山径流量减少，导致祁连山地区水资源更为缺短。发源于祁连山的河川总径流量由 50 年代的 78.55 亿 m^3，下降到 2009 年的 72.64 亿 m^3，减少了 7.6%，其中石羊河水系径流量 1990 至 2009 年间减少 2.68 亿 m^3。与此同时，青海祁连山区的森林景观正向破碎化方向发展，使野生动植物栖息地遭到破坏，导致一些野生动植物种群数量下降。

走廊绿洲平原区以人工林为主，现状绿洲人工林发展很不完善并呈逐渐衰落趋势，如在金塔县境内，平均年增沙漠面积为 1160hm^2，年均治理（封育造林）面积约为 753.3hm^2，沙漠化速度为治理速度的 1.5 倍；同时，在已治理的大约 8.3 万 hm^2 半固定沙丘至今还处于半流动状态。

3）雪线上升、冰川减少

祁连山冰川作为河西走廊水源的重要补给区及水源地，近 500 年来冰川面积减少了 33%～46%，冰川储量减少了 31%～51%，冰川融水减少了 35%～46%；雪线由 3800m 上升到 2009 年的 4400m 以上。青海祁连山地区沼泽及沼泽化草甸的面积逐年在减少。以青海湖湖滨沼泽为例，1956 年青海湖湖滨沼泽为 2.78 万 hm^2，至 2009 年前已减少为 2.17 万 hm^2，减少了 0.61 万 hm^2，原有 30 余处沼泽，目前已干涸 7 处。

4）水土流失加剧，土地"三化"现象严重

多年来，河西走廊地区草原退化、沙化和盐碱化的"三化"现象持续发展，土地荒漠化持续扩展，沙尘暴发生频率逐年增加。水资源严重缺乏，人均水资源量仅相当于全国平均水平的 50%，形成了一种沙进人退的局面，在大中型灌区，由于灌溉不当，地下水位上升，造成土壤次生盐碱化。土地资源利用不合理，在农牧交错区，由于乱垦、滥牧、滥樵、滥采，造成大面积土地退化甚至沙化。在农区，由于不合理的种植结构和耕作制度，造成一些地方的土地退化甚至沙化。在有些山区，由于乱伐滥垦，造成林地的退化。在黄土高原区，由于边治理、边破坏，土壤侵蚀总面积仍有所增加（孙饶斌等，2009）。

8.5　资源环境承载力指标释义

8.5.1　自然驱动因子

自然驱动因子是指生态系统在没有受到人类干扰的本底状况，主要包括年降水量、年均温和地区平均高程。气候和地形地貌因素对复合生态系统类型区的形成与发展具有重要的生态意义。具体指标释义见 4.7.1 节。

8.5.2　生态结构

1）非重要生态功能区面积比

为研究区中生态型区域面积与区域总面积之比。根据复合生态系统类型区的生态环境特殊性，生态型区域是指水域、森林或草原覆盖的土地。非重要生态功能区是指植被覆盖可以减弱水土流失的程度，因此与土壤侵蚀关系密切，它在防止土壤侵蚀中主要起着三个作用：对降雨的削减作用，保水作用和抗侵蚀作用（杜峰和程积民，1999）。

2）生物丰度

生物丰度是指人类赖以生存和发展的基础，生物丰度状况决定着生态系统的面貌，是反映生态环境质量最本质的特征之一。生物丰度指数是指衡量被评价地区内生物多样性的丰贫程度（魏信等，2010）。

在生态环境影响评价中，生物丰度指数通过单位面积上不同生态系统类型在生物物种数量上的差异，间接反映被评价区域内生物丰度的丰贫程度。而生物丰度指数归一化系数就是将原始数据进行归一化处理所需的系数（邹长新等，2014）。

本章采用中国资源环境数据库规范和分类标准，与生态环境状况指数所需要的计算指标统一，在此基础上，进行遥感更新和归一化系数的计算，不仅效率高，而且具有全国统一的数据标准规范和令人信服的精度保证。本小节以中国资源环境数据库为支撑，利用遥感更新提取所需要的资源信息，计算区域生物丰度指数（刘建红等，2007），计算方法参见公式（4-10），各土地利用权重见表8-3。

表8-3　典型复合生态系统类型区生物丰度分权重

土地利用	权重	结构类型	分权重
林地	0.35	林地	0.6
		木林地	0.25
		林地	0.15
草地	0.21	覆盖度草地	0.6
		覆盖度草地	0.3
		覆盖度草地	0.1
水域湿地	0.28	河流	0.01
		湖泊	0.3
		滩涂湿地	0.6
耕地	0.11	水田	0.6
		旱地	0.4
建设用地	0.04	城镇建设用地	0..3
		农村居民点	0.4
		其他建设用地	0.3
未利用地	0.01	沙地	0.2
		碱地	0.3
		裸土地	0.3
		裸岩石砾	0.2

3）叶面积指数

叶面积指数是指单位土地面积上植物叶片总面积占土地总面积的倍数。叶面积指数是反映作物群体大小的较好的动态指标。在生态学中，叶面积指数是生态系统的一个重要结构参数，用来反映植物叶面数量、冠层结构变化、植物群落生命活力及其环境效应，为植物冠层表面物质和能量交换的描述提供结构化的定量信息，并在生态系统碳积累、植被生产力和土壤、植物、大气间相互作用的能量平衡，植被遥感等方面起重要作用（原佳佳等，2013）。叶面积指数的测定方法可分为直接方法和间接方法。直接测定方法是一种传统的，具有一定破坏性的方法，通过直接测量叶面积得到的叶面积指数，可作为间接方法的有效验证，直接测定方法主要有传统的格点法和方格法、描述称量法、仪器测定法、落叶收集法和分层收割法；间接方法是用一些测量参数或用光学仪器得到叶面积指数，测量方法快捷，但仍需要用直接方法所得结果进行校正，间接测定方法主要有点接触法、消光系数法、经验公式法、遥感方法和光学仪器法（王希群等，2005）。

本小节采用经验公式法对研究区的叶面积指数进行计算 [式（6-5）和表 6-6]。经验公式法是利用植物的胸径、树高、边材面积、冠幅等容易测量的参数与叶面积或叶面积指数的相关关系建立经验公式来计算。另一种经验方法是针对较大尺度，区域的叶面积指数与土地利用/覆盖类型具有较大的相关性，利用各个土地利用类型面积与相应的权重来表示区域叶面积指数。总之，经验公式法的优点在于测量参数容易获取，对植物破坏性较小，效率较高，然而经验公式具有特定性，并不适合于任何树种，因而该法的应用具有一定的局限性。

8.5.3　生态服务功能

1）第一性生产力（NPP）

第一性生产力是指绿色植物在单位面积和单位时间内通过光合作用所固定的能量或生产的有机物质数量，以此来确定植物的气候生产潜力（王希群等，2005）。

自然植被的净第一性生产力（NPP）反映了植物群落在自然环境条件下的生产能力。它不仅是评价生态系统结构和功能协调性的重要指标，而且也是人类及生物赖以生存的生物圈功能基础，以及作为大气成分改变的重要合作者，尤其是二氧化碳浓度的变化，对于全球气候变化也有着极其重要的作用。

Miami 模型是 H.Lieth 利用世界五大洲约 50 个地点可靠的自然植被 NPP 的实测资料和与之相匹配的年均气温及年均降水资料，根据最小二乘法建立的：

$$NPP_t = 3000 / (1 + e^{1.315 - 0.119t})$$
$$NPP_r = 3000(1 - e^{-0.000664r})$$

（8-1）

式中，NPP_t 和 NPP_r 为分别根据年均温及年降水求得。根据 Liebig 最小因子定律，选择由温度和降水所计算出的自然植被 NPP 中的较低者即为某地的自然植被的 NPP。

净第一性生产力是指绿色植物在单位时间和单位面积上所能累积的有机干物质，包括植物的枝、叶和根等生产量及植物枯落部分的数量。植物的净第一性生产力反映了植物群落在自然环境条件下的生产能力。植物形成的产量是按其自身的生物学特性与外界环境因子相互作用的结果。植物的生物学特性，空气中的氧气、二氧化碳含量和土壤肥力等都是比较固定的因子，而其后则随时空变化较大。因此，一个地区的植物产量主要取于光、热和水。不同的气候区域由于光、热、水条件的不同，植物的产量也不相同。植物净第一性生产力的研究对于合理利用气候资源，扬长避短，充分发挥其后生产潜力，最大限度地提高植物产量具有重要的指导意义。

关于自然植被净第一性生产力模型的估算方法经历了从基于实测资料的估算、统计回归模型、生理生态过程模型到光能利用率模型的发展。

（1）基于实测资料的 NPP 估算主要包括直接收割法、光合作用测定法和二氧化碳测定法，这些方法简单易行，但同时对人力也有较高的要求，对于大尺度范围内植被的 NPP 的估测更难进行。这种方法获取的数据相对而言精确度较高，但也受到食物链中以植被为食的动物消耗的影响。

（2）统计回归模型是根据一般情况下植物生产力主要受气候因子影响的理论，建立起气候条件（如温度、降水、蒸散量和光照等）与植物干物质生产之间的相关关系，进而估算植被的净第一性生产力，其中以 Miami 模型、Thornhwaite 模型、Chikugo 模型为代表。该类模型缺乏严密的生理生态机理为依据，得到的是潜在生产力，结果较粗糙，相对误差较大。

（3）生理生态过程模型是根据植物生理、生态学原理来研究植物的生产力，模型是通过对太阳能转化为化学能和植物冠层蒸散与光合作用相伴随的植物体及土壤水分蒸散损失的过程进行模拟。该模型的优点是机理性强，可以与大气环流模式相耦合，有利于研究全球变化对陆地植被净第一性生产力的影响，同样可以用来研究植被分布的变化对气候的反馈作用，但是过程模型较复杂，所需参数太多，很难得到推广（高志强和刘纪远，2008）。

（4）光合利用率模型是利用植被所吸收的太阳辐射以及其他调控因子，建立转换关系，来估计植被净第一性生产力。

本小节由于受资料和数据的限制，采用周广胜、张新时的水热模型。具体计算过程见公式（3-1）～（3-4）。

2）土壤抗蚀性

土壤抗蚀性是指森林通过减少土壤侵蚀，减轻泥沙沉积和保持土壤肥力等过程使生态系统内的土壤得到保护，由于受气候条件、下垫面状况等的影响，我国自然因素土壤侵蚀类型主要包括水力侵蚀、风力侵蚀、冻融侵蚀和重力侵蚀等。土壤侵蚀程度是指土壤侵蚀发展相对阶段或相对强度的差异。土壤侵蚀强度是指单位时间和单位面积内的土壤的流失量，与泥石流活动有一定的对应关系，它反映流域内细颗粒物质来源的程度（高志强和刘纪远，2008）。

土壤抗蚀性主要是指土壤抵抗外营力对其分散和破坏的能力。土壤的结构、质地、腐殖质含量、吸收性复合体的组成等是决定土壤抗蚀能力的主要因素。土壤分散性高，团聚力弱，胶体数量少，腐殖质含量低和坚实性大等，是土壤抗蚀能力小的基本标志。土壤抗蚀性能力是评定土壤抵抗侵蚀力的重要参数之一，也是衡量治理水土流失的重要指标。它与土壤内在的理化性质及土壤结构密切相关，因此研究土壤理化性质对开展水土保持工作具有重要的意义。

水土流失会造成土壤的破坏，土壤失去了维持植物生长和保蓄水分的能力，其调节气候、水分循环的功能也随之下降。农业生产在肥料上的投入呈现逐年递增的趋势，土地资源的总体价值降低，单位土地面积的生产力下降。从土壤中流失的养分和沿河工农业生产产生的化学物质导致水资源受到污染，流域湖泊发生的富营养化的氮、磷元素超过60%来自水土流失造成的面源侵蚀。此外，水土流失还会造成水资源的污染，引起水量平衡的失调；同时，由于降低植被覆盖率，使得生态系统总体服务功能降低，同时加速的径流会引起下流的洪峰量剧增。

土壤抗蚀性的大小与研究区内植被覆盖类型、土壤类型和地形坡度有重要的联系。因此选择这三个要素对土壤抗蚀性进行评价具有重要的意义。

8.5.4 资源消耗

1）耕地压力指数

耕地压力指数是指最小人均耕地面积与实际人均耕地面积之比，它属于资源容纳能力指标，它反映了生态系统为人类提供食物、维持人类生存的能力，过高的耕地压力指数将威胁区域的粮食安全。在祁连山自然保护区，耕地开垦是作为一种人为活动干扰因素出现的，总体而言，耕地的开垦对祁连山生态系统的稳定性存在负面影响，首先，耕地的开垦导致土壤失去自然植被的覆盖，加大了土壤侵蚀的潜在可能性。同时，上游祁连山区耕地的过度开垦必然造成水资源消耗量的增加，导致中下游地区水资源短缺，影响流域水量的合理分配，威胁中下游生态系统的稳定，通过开垦强度和坡耕地比例可以反映耕地开垦对区域生态系统的影响（刘庄，2004）。

$$S_{\min} = \beta \frac{G_r}{pqk} \tag{8-2}$$

式中，$S_{\min}$ 为最小人均耕地面积；G_r 为人均食物需求量；β 为食物自给率；p 为食物单产；q 为食物播种面积占总面积的比例；k 为复种指数。

2）草地资源压力指数

草地资源压力指数综合反映了当地的放牧强度、牲畜践踏、优良牧草比例、沙化草地比例。具体算法为将这些指标赋权后，数据标准化之后的值与权重之积的和。沙化草地比例和优良牧草比例都反映了草地生态系统的退化程度，但这两个指标有所差别。沙化草地比例反映了草地的裸露程度，当放牧强度远远超过草地载畜量时，牲畜的过度啃食和践踏，导致任何植被都无法生长，进而导致草地覆盖度下降，此外，对草原的不合理开垦也会导致草地平均覆盖度下降。优良牧草比例是反映草场退化程度的重要指标，当放牧强度超过草地载畜量时，大量优质牧草被啃食得不到更新的机会，而一些牲畜不愿意啃食的毒草将逐渐替代原有的优质牧草，导致草地中草种结构的变化（刘庄，2004）。

3）森林采伐量

林业企业在经理期内所计算和确定的容许采伐的森林面积（公顷或亩）和蓄积量（立方米），因计算和确定的采伐量是经理期内的年平均数字，简称年伐量。一般以森林经营类型或组合起来的经营类型分别计算，然后合并其结果，再确定全企业的年伐量。

4）能源消费总量

能源消费总量是一定时期内全国或某地区用于生产、生活所消费的各种能源数量之和。是反映全国或全地区能源消费水平、构成与增长速度的总量指标。能源消费总量包括原煤和原油及其制品、天然气、电力，不包括低热值燃料、生物质能和太阳能等的利用（王兆生，2012）。

8.5.5 环境污染

1）农用化肥施用量

农用化肥施用量指本年内实际用于农业生产的化肥数量，包括氮肥、磷肥、钾肥和复合肥。

2）工业烟尘排放量

企业在生产工艺过程中排放的烟尘重量。

3）工业废水排放量

工业废水排放量是指报告期内经过企业厂区所有排放口排到企业外部的工业废水量。包括生产废水、外排的直接冷却水、超标排放的矿井地下水和与工业废水混排的厂区生活污水，不包括外排的间接冷却水（清污不分流的间接冷却水应计算在废水排放量内）。

参 考 文 献

曹凑贵. 2002. 生态学概论, 北京: 高等教育出版社.

曹琦, 陈兴鹏, 师满江. 2012. 基于DPSIR概念的城市水资源安全评价及调控. Resources Science, 34(8).

曹淑艳, 谢高地. 2007. 表达生态承载力的生态足迹模型演变. 应用生态学报, 18(6): 1365-1372.

陈敬武. 2001. 区域经济发展对环境影响预测模型. 河北工业大学学报, 30(5): 89-93.

陈隆亨, 曲耀光. 1992. 河西地区水土资源及其合理开发利用. 北京: 科学出版社, 992: 1-35.

陈南祥, 董贵明, 贺新春. 2005. 基于AHP的地下水环境脆弱性模糊综合评价. 华北水利水电学院学报, 26(3): 63-66.

陈润羊, 齐普荣. 2006. 浅议我国生态环境评价研究的进展. 科技情报开发与经济, 16(20): 169-170.

陈劭锋. 2009. 可持续发展管理的理论与实证研究: 中国环境演变驱动力分析. 合肥: 中国科学技术大学博士学位论文.

陈修谦, 夏飞. 2011. 中部六省资源环境综合承载力动态评价与比较. 湖南社会科学, (1): 106-109.

陈学中, 盛昭瀚. 2005. 基于演化和计算的管理科学. 科学学与科学技术管理, 26(9): 23-28.

陈衍泰, 陈国宏, 李美娟. 2004. 综合评价方法分类及研究进展 ①. 管理科学学报, 7(2).

程军蕊, 曹飞凤, 楼章华, 等. 2006. 钱塘江流域水资源承载力指标体系研究. 浙江水利科技, (4): 1-3.

邓波, 洪绂曾, 高洪文. 2004. 试述草原地区可持续发展的生态承载力评价体系. 草业学报, 13(1): 1-8.

邸利, 张仁陟, 张富, 等. 2011. 基于RS与GIS的定西市安定区土地利用变化与土壤侵蚀研究. 干旱区资源与环境, 25(2): 40-45.

董锁成. 1996. 自然资源代际转移机制及其可持续性度量. 中国人口资源与环境, 6(3): 49-52.

董文, 张新, 池天河. 2011. 我国省级主体功能区划的资源环境承载力指标体系与评价方法. 地球信息科学学报, 13(2): 177-183.

杜峰, 程积民. 1999. 植被与水土流失. 四川草原, 2: 6-11.

冯剑丰, 李宇, 朱琳. 2009. 生态系统功能与生态系统服务的概念辨析. 生态环境学报, 18(4): 1599-1603.

付温喜. 2013. 矿产资源可持续力及其系统构建探析. 化工管理, 20: 207.

傅春, 姜哲. 2007. 中部地区水环境污染及其防治建议. 长江流域资源与环境, 16(6): 791-795.

傅春, 詹莉群. 2012. 中部地区经济增长与自然资源的关系研究. 理论月刊, 11: 5-10.

高波. 2007. 基于DPSIR模型的陕西水资源可持续利用评价研究: 西安: 西北工业大学硕士学位论文.

高志强, 刘纪远. 2008. 中国植被净生产力的比较研究. Change, 53(3):317-326.

格日乐, 程宏, 邹学勇, 等. 2006. 额济纳绿洲土地承载力研究. 北京师范大学学报(自然科学版), 42(6): 624-628.

郭旭东, 邱扬, 连纲, 等. 2005. 基于"压力-状态-响应"框架的县级土地质量评价指标研究. 地理科学, 25(5): 579-583.

国家林业局森林资源管理司. 2010. 第七次全国森林资源清查及森林资源状况. 林业资源管理, 01: 1-8.

韩立民, 罗青霞. 2010. 海域环境承载力的评价指标体系及评价方法初探. 海洋环境科学, 29(3): 446-450.

洪阳, 叶文虎. 1998. 可持续环境承载力的度量及其应用. 中国人口资源与环境, 8(3): 54-58.

胡恒觉, 高旺盛, 黄高宝. 1992. 甘肃省土地生产力与承载力, 北京: 中国科学技术出版社.

胡淼, 周应祺. 2006. 生态足迹理论的微观分析-成分法的算法及应用. 上海水产大学学报, 15(1): 84-89.

黄秋香. 2009. 矿区资源环境承载力评价指标体系及评价方法. 矿业研究与开发, 29(1): 62-64.

惠泱河, 蒋晓辉, 黄强, 等. 2001. 二元模式下水资源承载力系统动态仿真模型研究. 地理研究, 20(2): 191-198.

惠泱河, 蒋晓辉, 黄强, 等. 2001. 水资源承载力评价指标体系研究. 水土保持通报, 21(1): 30-34.

吉喜. 2001. 可持续发展理论探索: 生态承载力理论, 方法与应用. 北京: 中国环境科学出版社.

贾坤, 姚云军, 魏香琴, 等. 2013. 植被覆盖度遥感估算研究进展. 地球科学进展, 28(7): 774-782.

姜晓鹏. 2007. 可重构制造系统性能综合评价研究. 西安: 西北工业大学博士学位论文.

景跃军, 陈英姿. 2006. 关于资源承载力的研究综述及思考. 中国人口·资源与环境, 16(5): 11-14.

李柏春, 白志强, 张建奇, 等. 2003. 祁连山自然保护区与社区经济发展对策探讨. 甘肃林业科技, 28(3): 33-35.

李励恒. 2009. 祁连山自然保护区社会经济发展模式研究 兰州: 兰州大学硕士学位论文.

李树文, 康敏娟. 2010. 生态-地质环境承载力评价指标体系的探讨. 地球与环境, 38(1): 85-90.

李随成, 陈敬东, 赵海刚. 2001. 定性决策指标体系评价研究. 系统工程理论与实践, 9(9): 22-28.

李小建, 乔家君. 2001. 20世纪90年代中国县际经济差异的空间分析. 地理学报, 56(2): 136-145.

李新琪. 2000. 区域环境容载力理论及评价指标体系初步研究. 干旱区地理, 23(4): 364-370.

李远远. 2009. 基于粗糙集的指标体系构建及综合评价方法研究. 武汉: 武汉理工大学博士学位论文

梁春林, 陈春亮, 孙省利. 2013. 海岸带生态承载力评价实例研究. 广东石油化工学院学报, 23(3): 26-30.

凌莉岩. 2013. 我国生态文明建设的对策研究. 太原: 太原科技大学硕士学位论文.

刘殿生. 1995. 资源与环境综合承载力分析. 环境科学研究, 8(5): 7-12.

刘红玉. 2005. 中国湿地资源特征、现状与生态安全. 资源科学, 27(03): 54-60.

刘建锋, 肖文发, 江泽平, 等. 2005. 景观破碎化对生物多样性的影响. 林业科学研究, 18(2): 222-226.

刘建红, 徐建军, 李诚. 2007. 基于遥感更新的省级生物丰度归一化系数研究——以湖北省为例. 江汉大学学报(自然科学版), 35(4): 46-50.

刘敏超, 李迪强, 温琰茂. 2006. 三江源区植被固定CO_2释放 O_2功能评价. 生态环境, 3: 31.

刘少康. 2002. 环境与环境保护导论. 北京: 清华大学出版社.

刘晓丽, 方创琳. 2008. 城市群资源环境承载力研究进展及展望. 地理科学进展, 27(5): 35-42.

刘玉娟, 刘邵权, 刘斌涛, 等. 2010. 汶川地震重灾区雅安市资源环境承载力. 长江流域资源与环境, 19(5): 554-559.

刘育平, 侯华丽. 2009. 区域资源环境承载力的研究趋势及建议. 中国国土资源经济, 22(9): 19-20.

刘庄. 2004. 祁连山自然保护区生态承载力评价研究. 南京: 南京师范大学博士学位论文.

卢欣石. 2007. 我国北方干旱区草原的生态问题与工程技术对策. 科技导报, 25(09): 16-21.

陆建芬. 2012. 资源环境承载力评价研究——以安徽淮河流域为例. 合肥: 合肥工业大学硕士学位论文.

吕红. 2010. 水土流失现状及保持对策. 现代农业科技, 17: 312.

马传明, 马义华. 2007. 可持续发展理念下的地质环境承载力初步探讨. 环境科学与技术, 30(8): 64-65.

马晓媛. 2008. 当前我国西部土壤污染问题及治理对策. 甘肃科技纵横, 37(3): 52-53.

毛汉英, 余丹林. 2001. 区域承载力定量研究方法探讨. 地球科学进展, 16(4): 549-555.

苗丽娟, 王玉广, 张永华, 等. 2006. 海洋生态环境承载力评价指标体系研究. 海洋环境科学, 25(3): 75-77.

彭静, 廖文根, 赵奎霞, 等. 2006. 水环境承载的可持续性评价指标体系研究. 水资源保护, 22(06): 14-17.

彭再德, 杨凯, 王云. 1996. 区域环境承载力研究方法初探. 中国环境科学, 16(1): 6-10.

齐亚彬. 2005. 资源环境承载力研究进展及其主要问题剖析. 中国国土资源经济, 18(5): 7-11.

冉圣宏, 薛纪渝, 王华东. 1998. 区域环境承载力在北海市城市可持续发展研究中的应用. 中国环境科学, 18(Suppl.): 83-87.

任继周, 胡自治, 张自和, 等. 1999. 中国草业生态经济区初探. 草业学报, 8(1): 12-22.

任继周, 万长贵. 1994. 系统耦合与荒漠—绿洲草地农业系统——以祁连山—临泽剖面为例. 草业学报, 3(3): 1-8.

任佳静. 2012. 基于生态足迹模型的内蒙古自治区可持续发展定量分析. 呼和浩特市: 内蒙古大学硕士学位论文.

任平, 程武学, 洪步庭, 等. 2013. 基于PSDR理论框架下长江上游生态系统退化威胁评价与空间分布研究. 地理科学, 33(2): 189-194.

阮树朋, 赵文杰. 2011. 目标选择模型中指标选取的评价研究. 舰船电子工程, 31(6): 65-67.

邵强, 李友俊, 田庆旺. 2004. 综合评价指标体系构建方法. 大庆石油学院学报, 28(3): 74-76.

施雅风, 曲耀光. 1992. 乌鲁木齐河流域水资源承载力及其合理利用, 北京: 科学出版社.

140

石春娜, 王立群. 2007. 浅析森林资源质量内涵. 林业经济问题, 27(3): 221-224.

石建平. 2005. 复合生态系统良性循环及其调控机制研究, 福州: 福建师范大学博士学位论文.

石玉林. 1986. 土地资源研究三十年. 资源科学, 8(3): 54-57.

舒凤月, 王海军, 崔永德, 等. 2014. 长江流域淡水软体动物物种多样性及其分布格局. 水生生物学报, 38(1): 19-26.

宋宏利, 张晓楠, 张义文, 等. 2012. 基于RS的区域土地利用空间结构特征分析. 中国农学通报, 28(5): 200-206.

宋静, 王会肖, 王飞. 2013. 生态环境质量评价研究进展及方法评述. 环境科学与技术, 36(12): 448-454.

宋照亮. 2010. 区域开发环境影响评价中环境承载力指标的选取. 环境科学与管理, 35(2): 167-170.

苏为华. 2000. 多指标综合评价理论与方法问题研究. 厦门: 厦门大学博士学位论文.

孙彬, 管建涛. 2012. 大地污染或将持续30年. 健康大视野, 12: 80-83.

孙饶斌, 逯庆章, 马绍华. 2009. 青海祁连山地生态现状及恶化原因分析. 青海草业, 18(3): 19-26.

孙志高, 刘景双, 李彬. 2006. 中国湿地资源的现状、问题与可持续利用对策. 干旱区资源与环境, 20(02): 83-88.

谭丹, 黄贤金. 2008. 我国东, 中, 西部地区经济发展与碳排放的关联分析及比较. 中国人口资源与环境, 18(3): 54-57.

唐剑武, 郭怀成, 叶文虎. 1997. 环境承载力及其在环境规划中的初步应用. 中国环境科学, 17(1): 6-9.

唐剑武, 叶文虎. 1998. 环境承载力的本质及其定量化初步研究. 中国环境科学, 18(3): 227-230.

田光进, 张增祥, 赵晓丽, 等. 2002. 中国耕地土壤侵蚀空间分布特征及生态背景. 生态学报, 22(1): 10-16.

田文苓. 2003. 区域水资源承载力与评价指标体系研究. 海河水利, 2: 42-43.

万本太, 王文杰, 崔书红, 等. 2009. 城市生态环境质量评价方法. 生态学报, 29(3): 1068-1073.

王道骏, 陈英, 贾首杰, 等. 2014. 基于景观格局指数的耕地细碎化研究. 中国农学通报, 30(32): 184-188.

王东祥. 2006. 搞好主体功能区划优化区域开发格局. 浙江经济, 16: 4-7.

王红瑞, 蔡越虹. 1999. 人口, 能源消费, 经济发展对环境影响的定量分析. 北京师范大学学报: 自然科学版, 35(1): 123-126.

王金叶, 王艺林, 金博文, 等. 2001. 干旱半干旱区山地森林的水分调节功能. 林业科学, 37(5): 120-125.

王书华, 毛汉英. 2001. 土地综合承载力指标体系设计及评价. 自然资源学报, 16(3): 248-254.

王书转. 2009. 生态承载力研究方法探析. 三峡环境与生态, 2(5): 1-4.

王希群, 马履一, 贾忠奎, 等. 2005. 叶面积指数的研究和应用进展. 生态学杂志, 24(5): 537-541.

王学军. 1992. 地理环境人口承载潜力及其区际差异. 地理科学, 12(4): 322-328.

王亚力. 2010. 基于复合生态系统理论的生态型城市化研究. 长沙: 湖南师范大学博士学位论文.

王莹. 2009. 环境与经济协调发展理论的研究进展. 中国科技信息, (9): 282.

王友贞, 施国庆, 王德胜. 2005. 区域水资源承载力评价指标体系的研究. 自然资源学报, 20(4): 597-604.

王玉平, 卜善祥. 1998. 中国矿产资源经济承载力研究. 煤炭经济研究, 12: 15-18.

王玉平. 1998. 矿产资源人口承载力研究. 中国人口资源与环境, 8(3): 19-22.

王韵. 2013. 基于数码相机的银杏固碳释氧量估算. 雅安: 四川农业大学硕士学位论文.

王兆生. 2012. 能源结构, 经济结构与经济增长关系研究 沈阳: 辽宁大学博士学位论文

王中根, 夏军. 1999. 区域生态环境承载力的量化方法研究. 长江工程职业技术学院学报, 4: 9-12.

王忠蕾, 张训华, 许淑梅, 等. 2010. 海岸带地区环境承载能力评价研究综述. 海洋地质动态, 26(8): 28-34.

魏文侠, 程言君, 王洁, 等. 2010. 造纸工业资源环境承载力评价指标体系探析. 中国人口·资源与环境, 20(3): 338-340.

魏信, 乔玉良, 王鹏. 2010. 自然生态环境遥感动态监测与GIS分析评价——以山西"煤田之乡"的乡宁矿区为例. 地球信息科学, 1: 111-118.

文传浩, 杨桂华. 2002. 自然保护区生态旅游环境承载力综合评价指标体系初步研究. 农业环境保护, 21(4): 365-368.

吴春燕, 郝建锋. 2011. 景观破碎化与生物多样性的相关性. 安徽农业科学, 39(15): 9245-9247.

吴小平, 梁彦龄. 2000. 长江中下游湖泊淡水贝类的分布及物种多样性. 湖泊科学, 12(2): 111-118.

吴振良. 2010. 基于物质流和生态足迹模型的资源环境承载力定量评价研究. 北京: 中国地质大学硕士学位论文.

吴珠. 2011. 长株潭城市群资源与环境承载力研究: 长沙: 湖南师范大学硕士学位论文.

夏军, 邱冰, 潘兴瑶, 等. 2012. 气候变化影响下水资源脆弱性评估方法及其应用. 地球科学进展, 27(4): 443-451.

谢高地, 张钇锂, 鲁春霞, 等. 2001. 中国自然草地生态系统服务价值. 自然资源学报, 16(1): 47-53.

谢新民, 甘泓, 李洪尧, 等. 2006. 基于三次平衡配置的水资源承载能力分析. 中国水利水电科学研究院学报, 4(3): 191-195.

徐强. 1996. 区域矿产资源承载能力分析几个问题的探讨. 自然资源学报, 11(2): 135-141.

徐少阳. 2007. 我国旅游业可持续发展现状分析. 理论界, 2007(11): 46-48.

徐永胜. 1991. 土地人口承载力问题初探. 人口研究, 15(5): 37-42.

徐中民, 张志强, 程国栋. 2003. 生态经济学理论方法与应用. 郑州: 黄河水利出版社.

许继军, 陈进, 常福宣. 2014. 控制性水利工程对长江中下游水资源影响与对策. 人民长江, 45(7): 11-17.

许联芳, 杨勋林, 王克林, 等. 2006. 生态承载力研究进展. 生态环境, 15(5): 1111-1116.

许新宜, 王浩, 甘泓. 1997. 华北地区宏观经济水资源规划理论与方法. 郑州: 黄河水利出版社.

许有鹏. 1993. 干旱区水资源承载能力综合评价研究——以新疆和田河流域为例. 自然资源学报, 8(3): 229-237.

闫飞. 2014. 森林资源调查技术与方法研究. 北京: 北京林业大学博士学位论文.

杨邦杰, 姚昌恬, 严承高, 等. 2011. 中国湿地保护的现状、问题与策略——湿地保护调查报告. 中国发展, 1: 1-6.

杨朝飞. 2012-11-05. 我国环境法律制度和环境保护若干问题. 中国环境报, 3.

杨海宽. 2008. 利用LUCC法评价草地资源生产潜力. 乌鲁木齐: 新疆农业大学硕士学位论文.

杨志峰, 胡廷兰, 苏美蓉. 2007. 基于生态承载力的城市生态调控. 生态学报, 27(8): 3224-3231.

姚治华, 王红旗, 郝旭光. 2010. 基于集对分析的地质环境承载力研究——以大庆市为例. 环境科学与技术, 33(10): 188-194.

衣龙娟. 2014. 做好内蒙古大兴安岭林区营林工作的几点思考. 民营科技, 2014(8): 235-235.

殷书柏, 吕宪国, 武海涛. 2010. 湿地定义研究中的若干理论问题. 湿地科学, 8(2): 182-188.

尹剑慧, 卢欣石. 2009. 草原生态服务价值核算体系构建研究. 草地学报, 17(2): 174-180.

尹剑慧. 2009. 中国草地功能价值核算体系及其退化损耗评价研究. 北京: 北京林业大学硕士学位论文.

尹贻林, 刘云龙. 1996. 评价理论的发展探讨. 青岛建筑工程学院学报, 17(1): 70-74.

于伯华, 吕昌河. 2004. 基于DPSIR概念模型的农业可持续发展宏观分析. 中国人口·资源与环境, 14(5): 68-72.

于国贤, 王文华, 马琰, 等. 2006. 呼伦贝尔湿地对草原生态环境的影响. 内蒙古水利, 2006(2): 49-50.

于瑞安, 佟晓光, 王宝珠. 2006. 大兴安岭林区的生态环境及其保护对策. 防护林科技, 2006(3): 91-92.

余洁, 边馥苓, 胡炳清. 2003. 基于GIS和SD方法的社会经济发展与生态环境响应动态模拟预测研究. 武汉大学学报: 信息科学版, 28(1): 18-24.

余敬. 2004. 矿产资源可持续力评估: 武汉: 中国地质大学出版社.

原佳佳, 武小钢, 马生丽, 等. 2013. 城市绿地土壤呼吸时空变异及其影响因素. 城市环境与城市生态, 6(6):1-5.

袁子勇, 梁虹, 罗书文. 2009. 基于指标权重的喀斯特地区水资源承载力评价. 水资源与水工程学报, 20(1): 85-87.

曾五一, 王美今, 李金昌. 1999. 统计估算理论, 方法和应用研究. 北京: 中国金融出版社.

曾珍香, 李艳双. 2001. 复杂系统评价指标体系研究. 河北工业大学学报, 30(1): 70-73.

张芳怡, 濮励杰, 张健. 2006. 基于能值分析理论的生态足迹模型及应用——以江苏省为例. 自然资源学报, 21(4): 653-660.

张国祥, 杨居荣. 1996. 综合指数评价法的指标重叠性与独立性研究. 农业环境保护, 15(5): 213-217.

张红. 2007. 国内外资源环境承载力研究述评. 理论学刊, 2007(10): 80-83.

张俊. 2012. 我国的行政区划. 地理教育, 2012(7): 39-39.

张巧显, 柯兵, 刘昕, 等. 2010. 中国西部地区生态环境演变及可持续发展对策. 安徽农业科学, 38(5): 2538-2541.

张舒, 申双和, 温学发, 等. 2012. 温度和水分对中亚热带人工林生态系统呼吸的调控作用. 自然资源学报, 27(12): 2057-2070.

张苏琼, 阎万贵. 2006. 中国西部草原生态环境问题及其控制措施. 草业学报, 15(5): 11-18.

张太海, 赵江彬. 2012. 承载力概念的演变分析. 经济研究导刊, 2012(14): 11-14.

张宪洲, 王艳芬. 2010. 不同降水梯度下草地生态系统地表能量交换. 生态学报, 30(3): 557-567.

张妍, 于相毅. 2003. 长春市产业结构环境影响的系统动力学优化模拟研究. 经济地理, 23(5): 681-685.

张毅. 1994. 我国森林资源锐减及其影响. 科学对社会的影响, 1994(1): 105-114.

张志良, 睦金娥, 原华荣. 1990. 河西地区土地人口承载力研究. 西北人口, 1990(2): 19-25.

张志强, 徐中民. 2000. 生态足迹的概念及计算模型. 生态经济, 2000(10): 8-10.

张智全, 黄高宝, 李广. 2011. 陇东耕地净第一性生产力与生态服务价值分析. 中国沙漠, 31(6): 1516-1520.

张子彬. 2014. 国有森工林区发展生态经济的紧迫性及若干措施. 新经济, 2014(34): 35.

赵宝顺. 2013. 内蒙古图里河林业局森林资源现状评价分析. 内蒙古林业调查设计, 36(2): 19-22.

赵兵. 2008. 资源环境承载力研究进展及发展趋势. 西安财经学院学报, 21(3): 114-118.

赵玲, 吴良林, 聂欣, 等. 2010. 广西喀斯特山区土地利用景观格局特征分析. 地理空间信息, 8(1): 29-32.

赵淑芹, 王殿茹. 2006. 我国主要城市辖区土地综合承载指数及评价. 中国国土资源经济, 19(12): 24-27.

赵卫, 刘景双, 孔凡娥. 2007. 水环境承载力研究述评. 水土保持研究, 14(1): 47-50.

周广胜, 张新时. 1996. 全球气候变化下中国植物NPP研究. 植物生态学报, 51(3): 202-212.

周红艺, 李辉霞. 2010. 区域生态承载力研究方法评述. 佛山科学技术学院学报(自然科学版), 28(2): 62-67.

周锁铨, 戴进, 姚小强. 1991. 宝鸡地区土地资源承载力的研究. 陕西气象, 1991(2): 31-36.

周伟, 曾云英. 2005. 有关生态足迹在研究方法和应用上的争论. 生态经济, 2005(11): 30-33.

朱教君, 李凤芹. 2007. 森林退化/衰退的研究与实践. 应用生态学报, 2007(7): 1601-1609.

朱丽波. 2008. 宁波市北仑区经济社会发展环境承载力评价及保护对策研究. 上海: 同济大学博士学位论文.

朱永. 2009. 第七次全国森林资源清查结果表明——我国提前两年实现对世界承诺的森林增长目标. 国土绿化, 2009(12): 5-7.

庄绪亮, 周桔, 杨萍, 等. 2007. 中国科学院东部沿海环境研究的部署与思考. 中国科学院院刊, 22(4): 297-302.

邹长新, 徐梦佳, 高吉喜, 等. 2014. 全国重要生态功能区生态安全评价. 生态与农村环境学报, 30(6): 688-693.

Arrow K, Bolin B, Costanza R, et al. 1995. Economic growth, carrying capacity, and the environment. Ecological economics, 15(2): 91-95.

Bartelmus P. 1999. Green accounting for a sustainable economy: Policy use and analysis of environmental accounts in the Philippines. Ecological Economics, 29(1): 155-170.

Bishop A B Fullerton H H, Crawford A B, et al. 1974. Carrying capacity in regional environmental management. Conservation in Practice, 1(1): 17-24

Brown M T, Ulgiati S. 1997. Emergy-based indices and ratios to evaluate sustainability: monitoring economies and technology toward environmentally sound innovation. Ecological engineering, 9(1): 51-69.

Brush S B. 1975. The concept of carrying capacity for systems of shifting cultivation. American Anthropologist, 77(4): 799-811.

Cairns Jr J, Mccormick P V, Niederlehner B R. 1993. A proposed framework for developing indicators of ecosystem health. Hydrobiologia, 263(1): 1-44.

Carneiro R L. 1960. Slash-And-Burn Agriculture: a Closer Look at Its Implications for Settlement Patterns. In: Men and Cultures.

Costanza R, Norton B G, Haskell B D. 1992. Ecosystem health: new goals for environmental management. Island Press.

Forrester J W, Senge P M. 1978. Tests for building confidence in system dynamics models: System Dynamics Group. Sloan School of Management, Massachusetts Institute of Technology.

Furuya K. 2004. Environmental carrying capacity in an aquaculture ground of seaweeds and shellfish in Sanriku coast. Bull Fish Res Agen(Suppl 1): 65-69.

Gerst M D. 2009. Linking material flow analysis and resource policy via future scenarios of in-use stock: An example for copper. Environmental science & technology, 43(16): 6320-6325.

Harris J M, Kennedy S. 1999. Carrying capacity in agriculture: global and regional issues. Ecological Economics, 29(3): 443-461.

Joardar S D. 1998. Carrying capacities and standards as bases towards urban infrastructure planning in India: A case of urban water supply and sanitation. Habitat international, 22(3): 327-337.

Jorgenson A K, Burns T J. 2007. The political-economic causes of change in the ecological footprints of nations, 1991–2001: a quantitative investigation. Social Science Research, 36(2): 834-853.

Lieth H. 1975. Modeling the primary productivity of the world. Primary productivity of the biosphere. Springer: 237-263.

Manion P D, Lachance D. 1992. Forest decline concepts.

Mitsch W, James G. 2000. Gosselink: Wetlands, John Wiley and Sons Inc, United States of America.

Park R E, Burgess E W. 1921. Introduction to the Science of Sociology. Chicago: University of Chicago Press.

Performance D G O E. 1993. OECD core set of indicators for environmental performance reviews: Organisation for Economic Co-operation and Development.

Quarmby N A, Townshend J, Settle J J, et al. 1992. Linear mixture modelling applied to AVHRR data for crop area estimation. International journal of remote sensing, 13(3): 415-425.

Rees W E, Wackernagel M. 1992. Ecological footprints and appropriated carrying capacity: Measuring the natural capital requirements of the human economy. University of British Columbia, School of Community and Regional Planning.

Rees, William E. 1992 Ecological footprints and appropriated carrying capacity: what urban economics leaves out. Environment and urbanization 4(2): 121-130.

Rijsberman M A, Van De Ven F H. 2000. Different approaches to assessment of design and management of sustainable urban water systems. Environmental Impact Assessment Review, 20(3): 333-345.

Scurlock J, Hall D O. 1998. The global carbon sink: a grassland perspective. Global Change Biology, 4(2): 229-233.

Slesser M. 1992. ECCO User Manual Part 1. Resource Use Institute, Edinburgh.

Uchijima Z, Seino H. 1985. Agroclimatic evaluation of net primary productivity of natural vegetations. Journal of Agricultural Meteorology, 40(4): 343-352.

Vogt W. 1949. Road to survival. Soil Science, 67(1): 75.

Wackernagel M, Rees W E. 1997. Perceptual and structural barriers to investing in natural capital: Economics from an ecological footprint perspective. Ecological economics, 20(1): 3-24.